Z星探险团

（下）

刘畅 魏红祥 主编

U0172231

科学普及出版社

·北京·

图书在版编目（CIP）数据

Z星探险团.下 / 刘畅, 魏红祥

主编. -- 北京 : 科学普及出版社, 2020.10

ISBN 978-7-110-10058-5

Ⅰ.①— ⋯ Ⅱ.①刘⋯ ②魏⋯ Ⅲ.①天文学 – 少儿

读物②物理学 – 少儿读物 Ⅳ.①P1-49②O4-49

中国版本图书馆CIP数据核字(2019)第238041号

序言

《国家中长期教育改革和发展规划纲要（2010-2020)》指出，按照教育面向现代化、面向世界、面向未来的要求，教育改革的主旨是以人为本、全面实施素质教育，其核心是解决好培养什么人、怎样培养人的重大问题。

教育要服务于社会。中国在走向科技强国的征程中，需要更多具有创新发展能力、批判思辨能力、沟通合作能力的公民。教育要着力提高学生处于复杂环境下的问题解决能力和实践能力，从而使他们能够适应飞速发展的信息时代和充满挑战的未来社会。如何从小学阶段就开始更加有效地培养学生的科学素养？这是摆在教育工作者、科研工作者乃至全社会面前的一项重要课题。

在小学科学教育的尝试中，我们经常发现，单纯科学概念的传授并不能自动地校正学生原有的错误观念和认识。有些学生在实验结果面前仍然会坚持己见，这一矛盾的现象促使我们在改进教学方法的同时，更加深入地思考如何让学生能够更加自觉地形成正确的前驱概念，更加主动地校正错误经验，形成正确认识。

任何学习都要以兴趣为先导，死记硬背、硬性灌输不但无法培养学生的科学素养，反而会破坏他们的创造力。本书无论是在形式上还是在结构上，都区别于强化知识灌输的传统教材，内容既涉及小学科学教育新课标，又把知识点巧妙地融入到有趣的故事中，让学生在读故事的同时，不知不觉地形成科学概念，领会科学内涵，为其进一步学习和运用知识起到很好的引导和启发作用。作为科学课辅助读本，我们鼓励学生在读完本书后，为思想插上翅膀。大胆想象，续写故事，利用自己掌握的知识帮助书中的主人公渡过难关，完成难以完成的任务，也让自己在探索科学的道路上有所突破，更进一步！

中国科学院院士

中国科学院物理研究所研究员

编委会

---- 主 编 ----

刘 畅 魏红祥

---- 副主编 ----

商红领 张海宏 邓翼涛 成蒙

---- 编 委 ----

梁文杰 金 魁 孟 胜 程金光 梁小红 姚慧玥
辛 利 赵松坤 王虹艺 孙重霞 林 莹 章卫平
金 亮

目录 | CONTENTS

楔 子 ………………………………………… 001

第一章
飞船被偷走了 …………………………………… 004

第二章
把斗篷脱下来 …………………………………… 037

第三章
粉色的海洋 ……………………………………… 062

第四章
神奇的触手 ……………………………………… 093

第五章
深海巨怪 ………………………………………… 115

第六章
在鹏鸟的背上飞行 ……………………………… 137

第七章
Z星的秘密 ……………………………………… 167

第八章
Z小星当上了新首领 …………………………… 195

王思宇

男孩，9岁，行动力超强，似乎总有着用不完的精力。他的脑子时刻不停，充满了天马行空的想象。他喜欢做领袖、发号施令。他马虎粗心，却勇于承认错误。他求知欲超强，成绩却也像他的行动力一样，忽上忽下。他就像战士，永远不怕苦不怕累；他就像太阳，永远用积极的心态面对一切困境。好动的思宇像一支画笔，为这趟乙星之旅涂抹上特别的色彩。

刘小希

女孩，9岁，性格文静，成绩优秀，是一个寄居在公主外壳里的小学霸！她是家人眼中的小公主、老师眼中的好学生，她是家长们喜欢的"别人家的孩子"。她好奇却又胆小，善良而又温柔。她对动物、植物都充满了感情。细心又敏感的性格，使她总能发现一些被他人忽略的线索，让事情峰回路转。

外星人语言研究者。因研究方向过于超前而不被认可。他坚持自己的理念，并为此付出了很多。他独自度过了大半生，只与自己创造出来的 M 机器人为伴，多年的孤独生活使他成了一个名副其实的怪老头。随着时代的发展，开始有更多的人寻找、研究这个曾经被排斥的怪博士，可九维博士早就躲起来做自己的研究去了。这使他的存在成了一个传奇。

企鹅老师

以企鹅的形象出现，是王思宇和刘小希的班主任，九维博士的学生。他时常变魔术般地为孩子们解释物理现象，让大家在不知不觉中对学习产生兴趣。他关心每位学生，对周围的人和事观察入微。他认为，对于每一个人来说，理解和信任都是十分宝贵的。

M 机器人

九维博士潜心多年研究出来的会学习的机器人，在与九维博士的相处中它自我改良，逐渐进化出了一些人类的个性。如果说博学多才是它最基本的功能体现，那么话痨、好表演就是它最无法被忽视的性格特征了，M 机器人每次见到其他人都无法控制地要展示它"人来疯"的本来面貌。

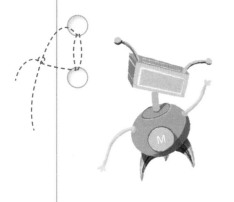

艾米

Q 弹软糯星的一颗小团子，外表看上去可谓软软萌萌。如果受到惊吓，它那恐慌的样子真让人忍俊不禁。但当你因它恐慌的模样开心不已时，你就会发现，倒霉事一件连着一件在你身上发生。没错，艾米就是这样一只看起来人畜无害，但却极其腹黑的黑心小团子。但也正因为它极其善于发现他人情绪，它会十分珍惜善良的小希和思宇，当他们遭遇危险之时，尽全力相助。

楔 子

华丽的黑色大殿里，一道光幕矗立在大殿中央，一高一低两个身影投射其中，隐隐传来交谈声。

"报告首领！"一个身穿斗篷的人影走入大殿，打断了两个身影的谈话。

"何事？"矮个子摆了摆手，高个子停止了说话。

只见斗篷人影半跪在大殿中，伸出触手点了点手腕上的电子屏，一道屏幕便放大在首领面前，屏幕上一艘携有地球标志的飞船正在航行。

"他们已经靠近了，很快就将降落。"

"很好，按原计划进行。"

斗篷人影顿了顿，想要说些什么却止住了，他深深鞠躬，退出大殿。

斗篷人影退出后两个身影继续交谈着：

"请放心，计划一切正常……物资已到位，人员也已经安排妥当。"

"物资能源呢？"

"已切断其他所有通道，全力运输当中。"

"嗡嗡嗡……"矮个子似乎笑了起来，"好极了！"

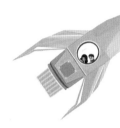

第一章
飞船被偷走了

"太漂亮了！小希！快过来看啊！"飞船进入自主航行状态，思宇站在飞船舱的巨大玻璃窗前兴奋无比，他跳起来大喊着。

小希听到思宇的叫喊声，赶紧抱起艾米跑过去。

"哇！"小希被前的景色惊呆了！

舱外映入他们眼帘的就是Z星。Z星不是一个单独的星球，而是由五个独立的小星球相连组成的星群。五个星球如同钻石一般璀璨，它们被同一个星云包围着，按照各自的方式自转。

思宇与小希痴痴地看着窗外……

"吱——"艾米发出细小而尖锐的叫声，头顶上的触角发出微弱的荧光。

小希的思绪被艾米的叫声拉回来，她端详着艾米，对思宇说："我觉得艾米的状态很不对劲儿！"

"怎么了？"

"不知道，但是自从我们进入 Z 星轨道后，它似乎就不太舒服。是不是我们不应该把它带离 Q 弹软糯星啊？"

"难道是水土不服？可咱们还没有降落呢！"思宇也有些着急。

"发送成功！发送成功！发送成功……"M 机器人突然进入兴奋的癫狂状态！它刚刚将拍到的 Z 星太空图发送给了九维博士，看来是发送成功了。

"吱——吱——"艾米的两个小翅膀断断续续地发出微电波，和平时温顺可爱的模样完全不同，显得有些暴躁。

"也许是艾米也受不了 M 机器人这种兴奋状态了呢。"思宇小声念叨着，"真想找到它的静音按键。"

"我觉得九维博士本来就没有给它设置静音按键，你想啊，这么多年都是 M 机器人在陪着他，全依靠 M 机器人跟他交流呢。"小希无奈地回答。

艾米头上的触角不停地抖动着，无精打采的样子像是睡眠不足。小希像抱小娃娃一样抱住了它："困了就睡觉吧，艾米。"

艾米仿佛机器人收到了指令一般，半秒入睡。

见到艾米可爱的样子，小希呵呵地笑了。

飞船轻轻晃动了一下。

"着陆了，我们到了！外面符合人类的生存条件，不用穿宇航服！"思宇兴奋地喊着，抄起装备，向舱门冲去。

小希摇了摇头："真是受不了这个家伙，还没有下指令开舱门啊，提前跑过去有什么用。"小希默默地走到操作台，熟练地按下操作按钮。

"呲——"的一声，舱门打开了，思宇一溜烟冲了出去。小希抱着艾米紧随其后，内心虽有些忐忑，但也毫不犹豫，毕竟他们身负重要使命，带着地球人的希望来到这里完成任务。

飞船所着陆的地点，正是 Z 星群中的中枢星球，也就是主星球的位置。向天空望去，隐隐可见远处另外几颗星球的影子。

"哇！好美！"小希望着天空感叹道。

思宇不停地用相机自拍着。

"氧含量 22%，湿度 48%……" M 机器人开始了它的检测。

"知道啦，别检测了，我们不需要使用呼吸机。"思宇说。

"思宇，你看！那是 Z 星的太阳！"小希向天上指去。

"Z 星的太阳好小啊！应该离 Z 星很远吧！"

"是啊，如果夸父生活在 Z 星的话可是要跑好一阵子了，呵呵呵……"说罢，小希微微一笑。

"你在说什么？夸父是谁啊？"

"你这个笨蛋！居然连我们自己的神话传说都不知道！"

"知道你看书多，给我讲讲呗！真是小气！"

小希无奈地摇头，她按动手环按钮，手环向空中投射出一道立体屏幕："发送给你了，你自己看！"接着，小希为自己和思宇打开星际语言同步翻译器。

"欢迎你们来到 Z 星球。" 不知从哪里传来的这弱弱的一声，引起了他们的注意。闻声望去，只见一个全身散发着微弱光芒的人隐藏在了飞船后面的阴影中。

见大家发现了她，这才缓缓探出身子："欢……迎你们，远道而来的贵客。"这个怯懦的声音再次在众人耳边轻轻响起。

这个人乍一看和普通人类差不多，全身散发着淡淡的微光，但头顶上长出一根像天线一样的触角，和艾米的发光触角有些类似。按理说，她才是这里的东道主，但看见思宇、小希一行人，却显得比他们还要紧张，说话细声细语，生怕吓坏了谁似的。

"你是谁？站在那里干什么？"思宇向前一步想要看清来人，不料对方像是受了惊吓般慌忙向后退了一步，似乎由于动作过大，黑袍的帽檐也微微掉落了一些，便更看不清容貌了。

"我是你们的向导。你们可以叫我……"

"天线宝宝吗？"小希歪着头，看看她又看看怀里的艾米，笑着说，"你俩还有点像呢。"

"哈哈哈……"听到小希这么说，思宇瞅着艾米，笑得直不起腰来。头上顶着一根天线，太滑稽了。

思宇的笑声惊醒了艾米。艾米头顶的触角变软弯曲，仿佛要把自己隐藏起来。

"哈哈，艾米的触角盘在脑袋上像一个冰激凌！"思宇看到这一幕更开心了。

"吱——！"艾米跳到思宇的头上，一个劲儿地蹦跶。其实，离开飞船后，它看上去更加不舒服。

忽然，艾米停了下来，诧异地看着四周。还没等艾米看清楚，思宇就抓住了艾米的翅膀，一把揪了下来。"小艾米，你居然敢在本大王的头上作威作福！"一边说，一边揉搓着艾米的头。

"不好意思。"小希安抚住艾米和思宇，微微弯腰、身体前倾、礼貌地伸出了右手："我的朋友们刚到Z星，可能有些激动。我叫小希，来自地球，这是思宇和艾米。"

Z星人目光在三人面前来回扫射半天，好一会儿才将藏在身后的手伸了出来。与其说那是一只手，倒不如说是一条章鱼须："我叫Z小星，请跟我来。"

在Z小星的带领下，思宇和小希离开了飞船降落点，乘坐着像是一片叶子一样的飞盘飘向Z星的主城。

思宇低头看了看逐渐变小的飞船，和Z星原有的一些奇形怪状的飞行器并排停靠在一起，有种说不出的诡异感。

他们不知道，就在他们离开后，数十根发光的触角从四处探了出来，将地球飞船紧紧包围，像是要吞入腹中，又像是在守护一个珍贵的宝物。

2

"这里就是我们的主星球，也是整个星群的中枢地带，我们Z星球的重要人物大多集中在这个区域。其他四个副星球主要为这里提供资源，促进Z星球的发展，当然，我们也会相应地提供物资给四个副星球。"Z小星介绍着。

哇！思宇感觉自己的眼睛都快不够用了。Z 星所有的建筑、轨道、飞行器等全是由金属制造而成，各种新奇的飞行器不时从头顶或身旁飞过，各色光幕闪烁着不同的光芒，点缀着这座城市。

小希对这些不感兴趣，她只是觉得 Z 星缺乏一些人情味。这个星球看起来就像是一个被细心打磨的机器，每一个零件都各司其职发挥着作用。更为奇怪的是，Z 星人都穿着一个斗篷，把自己藏在里面，仿佛在抵御什么伤害一般。

"这是什么？"思宇发现周围有一些奇怪的植物，当有人经过时它们才会开花，不一会儿又自动闭合，像是有感应一般。他伸出手轻轻触碰了一下绽放的花瓣，没想到的是，在接触的一瞬间，却感觉到一丝微弱的电流，惊得他连忙收回了手。

"哎，不要碰，这些植物是有电的，它们为主城提供能源。"Z 小星说。

"这是植物？"小希瞪大眼睛左看看右看看，她刚才以为这只是造型别致的装饰品。

Z 小星向导伸出她长长的章鱼须，在花骨朵前面晃了晃，花朵张开闭合反复了几次。"它们会储存从宇宙中吸收来的能量，在为我们所用。当你需要电力的时候，可以在它绽放之时连通它们的花蕊。"

两人听了不约而同发出赞叹。

"哇，真是太神奇了！"小希说道。

"这有什么神奇的啊？能量可以从一个物体转移到另一个物体，从一种形式变成另一种形式，这也值得大惊小怪吗？真是没有见过世面……"M机器人赶紧插话。

"你闭嘴！"小希和思宇同时向M机器人下达指令。

M机器人见思宇和小希都冲它吼起来，挫败感十足。"我还是回飞船上充充电吧，感觉有点饿……"临走时，它还不忘对思宇说道，"我已经将能量守恒定律发到你的信息库里了，也许在你睡不着的时候可以看一看。"

思宇回应说："也许你应该回去搜一搜什么叫对别人的尊重！"

"尊重别人？哦……"M机器人似乎在做着记录，"好的。"说罢，它默默地离开了。

艾米也伸出自己的触角，好奇地碰了碰花蕊。能听见滋滋的声音，艾米头上还冒出了几朵小火花。

"那是不是只要种植这种花朵就能有无尽的资源了？"思宇此时也想起他来Z星的首要任务。

"资源怎么可能是无尽的？而且这花移植到不同的生长环境还不一定能存活，一定有什么东西在为它提供能源对不对？"小希转头问

Z 小星。

"每个星球的植物都有不一样的特性，咱们往这边走。"Z 小星岔开话题，她没有想到眼前的两个地球人竟然如此敏锐。

"哇，这是什么？"思宇走到主城随处可见一种高大植物旁，惊叫起来。只见它们的躯干像树皮一般粗糙，但远远望去却是透明的样子。枝杈上布满了五彩斑斓的叶片，好像是飘浮在空中一般。

Z 小星想了想解答道："我想它在你们星球叫作树吧。"

"这是树？"思宇吃惊地看着眼前的植物，"这树也太有特色了吧！"

"就是，树干还是透明的，这要是一不留神撞上可怎么办？"砰！思宇话音还没落地，艾米就像喝醉了酒一样，直直地撞上了树干。

"哈哈哈"大家看着艾米扶额痛呼的模样，都笑了起来。

突然，主城变得一片漆黑，仿佛断电了一般。

"啊——！"小希下意识地尖叫起来。

"发生了什么？"思宇急忙护住小希，警惕地问道。

正在这时，主城内的灯光闪了几下，又恢复了明亮。

Z 小星似乎对此事也毫无准备，她表情严肃，似乎在用触角感知着什么信息。

思宇和小希认真地看着 Z 小星，只见她头上的触角开始有节奏地闪

烁起来。

"不好！"Z小星语气略显焦急地说，"有人入侵了主城的环形塔，我们快赶过去！"

说着Z小星伸出她独有的八只章鱼一般的爪子，向天空一挥，一个飞盘就飘了过来："大家快上来，我们需要尽快赶过去！"

3

坐在飞盘上，思宇好奇地探出身子，低头看着飞盘底部。咦？没有助推器，也没有什么其他装置，究竟是什么使这个飞盘悬浮在空中呢？

Z小星为大家解释道："我们星球拥有宇宙中最奇妙的引力场，能够使物体在空间中保持相对的稳定性。同样，我们整个星球都是以相互吸引的方式达到平衡的。"

见小希等人还是一脸茫然，Z小星又补充道："我听说地球也有一种神奇的运输工具，叫什么磁……什么浮……"

"你说的是磁悬浮列车吧！"思宇说。

"哦哦！"小希等人也恍然大悟。

"对对，就是这个名字。"

飞盘行驶的速度很快，穿梭在Z星球主城的上空。四周是那些花花绿绿的树叶子，此刻更像是彩色的云朵飘在空中。从上空俯瞰这个城市，小希隐隐有一种说不出的不安，总觉得在这一片繁华的背后，隐藏着什么秘密，甚至是危险。

不远处一座环形的高大建筑出现在众人眼前，这便是Z小星口中所说的环形塔了。

"这是我们星球的首领和所有重要人士才能出入的机密场所。因为你们是贵客，首领允许我带你们一同进入。"Z小星解释道。环形塔顾名思义，是一座主体成环状的建筑，但当他们飞近了才发现，这并不是一个完整闭合的圆环形状，而是类似于一个莫比乌斯环的样子，有些人甚至还贴近在这些弧形的表面上行走自如，并不受到引力的控制，垂直停留在表面上。

飞行器停靠在了弧面的一侧，思宇他们小心翼翼地跳下来，难以置信地看着脚下垂直的世界，不知道为什么自己不会从这万丈高的建筑顶上掉下去。Z小星带着他们急匆匆往建筑的最高点赶去，只听一阵吵嚷的声音传来……

"放开我，你们这些可恶的外星人！"一个地球人正在挣扎，努力摆脱几个Z星人的控制。

"这个疯子究竟是从哪儿而冒出来的？"首领问。

"不知道啊首领，我们在星球眼照常执行任务，结果这家伙突然从天上掉下来，把星球眼都砸坏了。"

"什么星球眼，那不就是个中控室？我是从天上掉下来的，不行吗？都说了好几遍了！"地球人火气还真不小。思宇注意到，他的袖口绣着三个字：鲁班班。

"他在说什么？中控室是什么意思？做什么用的？"Z 星人不知所云，头上的触角都弯得跟个问号一样。

"中控室就是查看监控的地方，我说你就是个保安头子，你威风什么？"

"哦！保安头子！" 思宇想到了什么，"这人十有八九是为我们护航的飞行员！"他对小希低声说。

"首领，我将地球的使者带来了。这里发生了什么情况？" Z 小星朝着前面的几个人鞠了一躬。思宇和小希也连忙效仿着她的样子鞠了一个躬。可惜同一个动作，小希做起来就赏心悦目，思宇做起来便不伦不类。

"不必客气，欢迎你们的到来！"眼前高大的背影终于缓缓地转过来，思宇和小希紧张地屏住了呼吸，脑海中正在猜测这个 Z 星人的首领究竟是何方神圣，就见这高大的身躯其实也是徒有虚名，只不过是一个像平衡车一般的行走装置，装置上站着一个个子不高、稚气未褪的小孩。

"你们叫什么名字？"首领问。

"我是王思宇，她是刘小希，这是……唉，艾米，你别动呀！"思宇和小希介绍艾米的时候，发现平时可爱软萌的艾米露出一脸厌恶的表情，两只大眼睛也邪恶地眯了起来，脑袋上的触角也止不住地冒着红光。

"很抱歉，首领大人，我的朋友只是看见你以后太过激动。"小希安抚住艾米，抱歉地说道。

"是吗？"首领脸色闪过一丝不悦，不过一瞬间，又开始笑容满面起来。"你认识这个人吗？"

"嗯……当然，我们可是朋友，对吧，鲁班班？"思宇看向那个被抓起来的人，悄悄眨了眨眼睛。

那个人的样子有些狼狈，看起来是挣扎时造成的。他的相貌稍年长一些，不过也是个孩子的样子。"嘿，兄弟，原来你在这里！我下了飞船就找不到你了，还以为你们要把我丢在宇宙不管了呢！"鲁班班说。

Z星的人听了面面相觑，首领也皱着眉头不知在思考什么。小希张着嘴看看那人，又看看思宇，只见对方俏皮地眨了眨眼睛。

"你说你们是朋友？"

"当然！"鲁班班和思宇异口同声地说到。

"那你们有什么证据吗？"

首领这句话可问倒了思宇，正当思宇抓耳挠腮、不知所措时，向导Z小星突然站了出来："首领大人，他们说乘坐同一艘飞船过来，不如让他们为您介绍这艘地球飞船吧，如果他们说的一样，那么自然是朋友，如果不能……"

"没问题！"鲁班班大声说。

思宇瞪大了眼睛，他的猜测是正确的，鲁班班就是护航的飞行员！

看着二人若有所思的模样，鲁班班得意极了，这两个小屁孩估计还不知道自己的厉害吧。他像炫耀一般晃了晃头，准备等下好好展示一下自己。

"可以。如果你们都能讲解出这艘飞船的操作方法，就证明你们的确是一起来的，如果是这样，鲁班班你也是我们的贵宾。"首领经过一番思考，点点头。

飞船影响很快便呈现在了众人面前，思宇看看飞船又看看鲁班班，心都跳到了嗓子眼，验证他猜测的时刻到来了。

"不要怕。"小希走过来悄悄安慰起思宇。

"怎么可能不怕？万一鲁班班不是飞行员怎么办，万一被识破了怎么办？"虽然刚刚认识，但思宇还是不希望这个地球伙伴陷入危险。

"你看看他的衣服。"小希低声说。

"衣服，这有啥看的，都被扯成这样了……天呐！"思宇揉了揉眼睛，他没看错的话，这皱皱巴巴的衬衫可是秋实大学的博士校服，他们这架飞船就是在这个大学建模的。

"他看起来年龄一点都不大。"思宇有些怀疑地说。

"人不可貌相。"小希望着流利回答首领问题的鲁班班，眼中透露着有一丝崇拜和向往，她希望自己以后也可以这么优秀。

"建造飞船的材料是哪些？"

"飞船的动能原理是什么？"

……

一番盘问之后，首领再也想不出什么问题了："原来是误会，感谢您的到来，地球上的贵客！"思宇的心也落在肚子里。

"各位来自地球的朋友们，我们 Z 星球的首领邀请你们参加今晚的宴会，以此欢迎你们的到来。请各位随我前来。"

大家纷纷起身，跟着 Z 小星前往宴会大厅。

4

"快来品尝一下我们 Z 星球的特产，这是深海星稀有的鱼类。它含有比你们地球普通鱼类高 10 倍的营养价值，而且能不断地繁衍，根本消耗不完。" Z 星人首领骄傲地介绍着。

"这些是我们炎炽星上种植的蔬菜！植物星球每天都会为主星球供应最好的原材料。这些资源都是取之不尽用之不竭的！"

"你们是否有特殊的培育方法呢？"小希品尝着美食，好奇地问道。

"能让我们看一看你们培育的蔬菜的土壤么！"思宇满脸崇拜地望着首领，显然他也没有忘记寻找原始土壤。

"当然。"

"哼，这不竭泽而渔吗？"鲁班班对于这些美食相当不屑，低声说。

思宇和小希崇拜的模样极大地满足了首领的虚荣心。他一挥触手，一位士兵捧着一个精美的小盆走了进来。

只见小盆底部铺满了细细的沙土，一株青翠的绿植生长在其中，像是承载着生命的光芒一般，灿烂极了。

哇！当看到这株绿植后，连鲁班班都瞪大了眼睛，要知道，这可是只出现在影像中的画面：一株绿植在空气和土壤中生长！

"尊贵的首领大人，不知您是否可以将这株绿植赠给我们，我们飞船上备有丰富的礼品回赠。"小希抱着小盆兴奋地说。

"当然没有问题，我还想让你们帮助我解决一个问题呢！"首领大方而随意地说。

"什么问题？"思宇急切地问。

"以后再说吧！你们先回去休息，一路飞行肯定非常辛苦。"首领的语气中充满了对他们的关心。

首领的这一举动让思宇和小希对首领充满了好感，但鲁班班和艾米的表现却怪怪的。他们到了Z星人安排的住处，关上房门。

思宇本来想问清楚鲁班班的来历，可是小希已经迫不及待地开始做实验了。

"现在是晚上9点23分，对地球生态至关重要的一刻即将到来！"小希深吸一口气，从裙子口袋里拿出一颗种子。这是一颗能够快速成长的小草种子，对于二百多年前的地球人而言，小草种子无人在乎，甚至大多数人连种子的模样都懒得知道，但在今天，每一颗种子的保存和培育都已成为非常重要的事情。

小希缓缓将种子放入花盆之中，倒上清水。

"长出来了！怎么这么快？！太神奇了！"思宇一声大吼，一蹦三尺高。

小希也忍不住露出了惊讶的笑容，松开了被抓得皱巴巴的裙子。

鲁班班用超级记录本记录着。

而艾米呢，它缩着肩膀，踮着脚尖在房里晃来晃去，似乎在找什么。

"等一下！"鲁班班严肃的声音把大家拉回现实，"你们看！"

只见这株小草在发芽三分钟后，突然开始叶面蜷缩、颜色发黄，接着便枯死掉了，而那株Z星的本土植物，也一同枯萎了。

"会不会是因为Z星植物和地球植物不能同时生存？"小希有些难以接受这么大的落差，难过地问道。

"如果不能一起生存，那么小草根本不会发芽。"鲁班班反驳道。

"你们看。"思宇大叫道，"小草和Z星植物的根部都变成黑色了！"

"生命力完全丧失！"鲁班班仔细观察，"其实我一直不觉得Z星有丰富的生态资源。"

"可今天宴会的食物丰盛极了。"思宇说。

"真的会这样吗？"小希发出疑惑，"怎么可能存在用不完的资源，如果其他几个星球的资源都供给了主星球，那它们自身如何生存呢？"

思宇也陷入了思考，他觉得小希说的话很有道理。Z星球的资源再丰富，也不可能像首领所说的那样无穷无尽。

"他们肯定在隐瞒什么！"鲁班班双眸一沉，"我刚到这里的时候，掉进了他们的星球眼。我在那里看到的景象和他说的可是截然不同的，恐怕他想抓我的原因也是这个。"

"对了，我还没有问你，你是怎么来到这个星球的？"小希问。

"我？我是雷霆号特装飞船的驾驶员。飞船解体瞬间，我就弹射逃生，降落在Z星球了。幸好Z星球符合人类的生存条件。"鲁班班说。

"原来是这样！你还算一个勇敢的人！"思宇说。

"咳，别说这个了。不如我再带你们偷偷潜入Z星球的星球眼，让你们亲眼见识见识真相吧。"鲁班班又说。

思宇和小希对视一眼，点点头，三人开始谋划将要开始的行动。

Z星人将地球的来客们安置在一个休息舱里。休息舱像一个大贝壳，进入后贝壳自动闭合。

思宇透过门缝发现士兵正在换岗，赶紧叫上二人趁机溜了出去。当他们路过另一个并不起眼的小休息舱时，里面传出首领的声音："Z小星，你干得很好！"之后便没有声音了。

鲁班班带着思宇、小希一起偷偷来到了位于环形塔中间部位的星球眼。所谓星球眼，就是整个星球的眼睛。它能够看到Z星球的整体情况，无论是星球地表还是星球周围的宇宙空间，都能了解得一清二楚。星球眼里有一个负责看管的 Z 星人，他正在用那长长的章鱼须快速转换着不同的镜头，以保证能及时发现 Z 星球的异常情况。

"你们看。"鲁班班压低了声音，"其他小星球现在面临很大的问题，这与 Z 星球首领所说的完全不同。"

画面中并没有出现想象中的一片繁华的景象，只有一些枯枝败叶和龟裂的大地。虽不能准确判断出这位于 Z 星球的位置，但不论哪里对于 Z 星球的生态发展来说都极为不乐观。

鲁班班瞪大了眼睛，又惋惜地摇摇头，"这些小星球上的资源快要枯竭了，这样下去 Z 星球会灭亡的。"

"那他想让我们帮助解决的问题到底是什么呢？难道是资源再开发？"

"没那么简单。"鲁班班摇摇头，"我建议你们还是先和地球取得联系，获取情报，判断这个 Z 星球的首领到底在打什么算盘。"

"你说的有道理。"思宇赞同鲁班班的观点，但很快他又意识到一个问题，"小希，我们的 M 机器人呢？"

"机器人？它好像还在飞船里。"

"那我们只有回到飞船上再和九维博士他们联系了。"思宇他们离开了星球眼，打算马上返回飞船。

5

思宇他们几人在环形塔内找到了停放着的圆盘飞行器，鲁班班一看就知道怎么驾驶了，大家乘坐它迅速赶往飞船降落的地方。

在快要到达的时候，大家向下一看，不禁大吃一惊。

原本应该停靠在一旁的飞船，此刻却来到了Z星球之间的传送通道中央，所有的指示灯都亮着，引擎已经启动，飞船马上要起飞了！

里面有人在操控！

怎么会这样？！

"不要动我们的飞船！"小希大喊着，准备下来，可飞行盘外仿佛有一层看不见的薄膜，怎么也打不开。

"停下——"思宇大喊一声，准备跳下飞盘冲向飞船，像小希一样，他也发现自己根本无法离开飞行器。

思宇掏出紧急遥控器，输出密码，用力按下去。可是，飞船没有任何反应。这时引擎开始喷出蓝色的火焰——飞船起飞了。

巨大的轰鸣声席卷着一股强劲的风力把思宇他们的飞盘掀了一个跟

头，三人从飞盘中跌落出来。

"谢谢你们为我们带来飞船,地球人！"你们已经帮我解决了问题！一个声音从飞船上传来。

"是首领！"众人又惊又怒。

"哈哈,送你们最后一个礼物,接着！"说着,坐在舱门前的首领便丢下一个东西,"这个土家伙就留下和你们做伴吧,哈哈哈！"

"是 M 机器人！"小希大叫道。

M 机器人被从空中抛下,从树梢落到窗台,又从窗台滚到飞盘上,最后砰的一声砸在地面。听着 M 机器人叮叮哐哐的金属碰撞声,鲁班班不禁皱眉,怀疑这个机器人要散架了。

飞船在他们上空盘旋了一会儿,踪迹不见,仿佛在嘲笑他们。

大家眼看着自己的飞船被 Z 星球的首领开走了,强烈的恐惧涌上心头。

"九维博士！九维博士！呼叫地球！呼叫地球！"思宇使劲摇晃着 M 机器人,只听见里面的零件都叮当作响,丝毫联系不上地球的信号。

"哼！"思宇生气地跺了一脚,"骗子！十足的骗子！"

这一脚下去,两边的人都不约而同地颤了颤。

"哇哦！"思宇吃惊自己的脚力,赶忙又跺了几脚。地面却不再颤动了，"奇怪。"思宇抬脚看着自己的鞋子。

"你这个人怎么毛毛躁躁的？"鲁班班责怪道，"现在明白了吧？
Z 星球首领的目的就是抢夺你们的飞船，然后离开这个快要灭亡的星球
去自己逃命！"

小希默默地低着头站在原地，不知道该怎么办才好。

"远不止这样！"一个声音突然从大家背后响起，众人连忙回过头
去。只见一个身披斗篷的 Z 星人缓缓晃着自己发光的触角，眼神阴晴不
定。原来是 Z 小星！

"他的计划是驾驶你们的飞船打入地球人内部掠夺更多的资源为己
所用。至于我们……" Z 小星顿了顿，"大概就要和衰亡的 Z 星球一起
毁灭吧！"

"喂喂，你这个人怎么这么悲观？ Z 星球这不还是好好的吗？"思
宇喊道。

"不，Z 星球即将灭亡，我想很快了……" Z 小星悲伤地说。

"你说什么？……"思宇这句话还没问完，便觉脚下一阵颤动。

"我说那个王思宇，你别再跺脚了行不行？"鲁班班嚷道。

"我倒是希望我有这么大的力量，刚刚我又试了试，根本就不
是……"思宇的话还没说完，Z 星球开始频繁地震动起来。紧接着，小

希发现自己的双脚离地，飘向空中！

"哇！小希！这是什么超能力！"思宇吃惊地叫道。

只见小希眼中充满了恐惧："不，不是超能力，是 Z 星失去了引力！"

"啊？"

"哔～哔～"M 机器人开始了它的监测，"监测！监测！地心引力 26500、17334、10324……"

"这破机器是摔坏了吧，如果地心引力消失了，我怎么还好好地在这站着……啊……"鲁班班话还未说完，身后出现一个巨大的引力漩涡，鲁班班慌张地抓住了思宇的手臂，王思宇还没明白发生了什么，就与艾米、鲁班班一起被卷入了漩涡，消失得无影无踪！

鲁班班和王思宇就这样在小希的眼前消失了，留给她的最后印象是王思宇怀中艾米惊恐的大眼睛。

"到底发生了什么？"小希还在不断上浮，她努力压抑着自己内心的恐惧，冲 Z 小星吼道。

"Z 星即将灭亡了，" Z 小星绝望地说，"Z 星星群失去了原有的引力和维度的秩序。鲁班班和思宇一定是进入了某个混乱的维度中，不知道会掉到什么地方……"说着，Z 小星的双脚也离开了地面，"而我们也不知道会飘到什么地方……"

"9342、7462、4981……" M机器人也失去了引力，飘在空中的它还在不停地报着检测数值。

空中，联系着五颗小星球的通道崩塌，碎片飘浮在空中。

小希又害怕又紧张，她对Z小星说："怎么办？难道你就这样等死吗？想想办法啊！"

Z小星向四周看了看，似乎下定了决心，她向小希伸出其中一只触角："抓住我！"

小希犹豫地看着Z小星，又看了看她不断蠕动的触角，不知道该怎么办。

"2769、957、643……" 不断测报的M机器人从小希眼前飘过。

小希一把将M机器人抓入怀中，闭上眼睛，伸手抓住了Z小星的触角……

之后，小希迷迷糊糊失去了知觉。

彩蛋多多

1. 自主航行（自主巡航）

自主航行就是飞船不需要驾驶员，可以根据指令自己飞行。当飞船在茫茫的宇宙中驶向未知的星球时，需要航行很长时间，如果人来驾驶飞船的话，需要长时间工作，这对人有很高的要求。这时候如果飞船能自己飞，不需要飞行员，你想要去宇宙的哪里，就告诉飞船，你可以在船舱里面美美地睡一觉，醒过来以后，飞船就载你到达目的地。同样的情况可以联想到日常生活中，如果汽车能够"自主驾驶"，你就可以自己躺在汽车里面上学了，是不是很方便呢？

2. 星群

星群就是有很多星星的一个群体。这个群体里面的每一颗星星都像太阳一样发出耀眼的光，所以我们在很远很远的地方都能看到它们。我们都知道的一个星群就是北斗星群，在北半球的晚上，我们可以在天上找到一个可以连成一个"勺子"形状的七颗星星，这就是北斗七星，这个星群在的方向就是北半球的北面的天空，只要你会辨别这个星群，就不会迷路了。除了北斗星群，你还可以在天上找到像是蝴蝶形状武仙座，风筝形状的牧夫座等等，当然，还有更多的形状在等着你发现呢！

3. 微电波

微电波就是微小的电波。电波是一种电子信号，我们能用手机隔着很远的距离跟小伙伴们说话，就是因为电波在手机之间来回传递的作用。在太空中，外星球跟地球之间离得很远，这个时候我们可以用电波传播信号，电波在太空中传播的速度很快，就跟我们看见的光的速度一样快，大概是一秒 30 万千米。

4. 含氧量

含氧量就是空气中氧气的多少。我们每个人，小猫，小狗，每一个生物都需要氧气来呼吸。我们深深呼一口气再吸一口气的过程是我们的肺部吸入空气中的氧气，再排出其他气体（二氧化碳）过程。空气中，氧气约占 21%，我们可以自由呼吸。在地球上一些特别高的地方（高原），空气中的氧气会很少，很多人刚去这些地方的时候会不适应，会头疼，睡不着觉，呼吸困难，需要吸氧气才能好些。

5. 湿度

雨天的时候，我们会觉得空气很潮湿。长时间不下雨的时候，我们会觉得空气很干燥。我们用干燥和潮湿来形容大致的空气湿度。潮湿意味着空气中的水汽很多，这时候妈妈晒的衣服很难晾干。干燥意味着空气中的水汽很少，衣服更容易晾干。除了这些，待在太潮湿或者太干燥的环境我们会很不舒服。因此，可以利用空调的"除湿模式"和"加湿器"来改变空气的湿度。

6. 呼吸机

上面我们讲"含氧量"的时候说过，如果人长时间待在空气中氧气太少的情况下，会生病，这时候就需要呼吸机了。呼吸机是可以帮助人"呼吸"的机器，它会放出氧气。在外太空中，如果周围环境中缺少氧气，这时候就需要用呼吸机让宇航员保持正常呼吸，在我们看到各种外太空动画和电影中，宇航员们圆圆的头盔外面总是连着一个呼吸机帮助他们呼吸。除了这些情况，医院的阿姨和叔叔们会给一些刚做了手术、没有意识的病人们使用呼吸机，帮助他们呼吸，拯救他们的生命。

7. 立体屏幕

立体就是人的眼睛可以看到实际物体的感觉，比如说，你来观察一只猫，在不同方向都可以看到猫的不同侧面，这就是我们观察到的"立体猫"。立体屏幕是人们设想的一种可以投射到空气中的屏幕，未来人们可以利用手环将画面投射到空气中，这个屏幕就像电视机一样可以展示画面。但是，比电视机厉害的是它没有笨重的屏幕。如果说我们用立体屏幕展示了一只猫，我们看到的就是一个跟真正的猫一样的画面，是不是很神奇呢？

8. 能量转移

空调需要用电，人每天都要吃饭，电能、热能、生物能等都是能量的一种，地球上一切生物都需要能量。如果没有了能量，电灯不会亮，空调不会动，人无法活动，甚至太阳都会灭掉。为了补充能量，我们需要将能量从一个地方移到另一个地方，比如说：手机没电了，我们将储存在充电宝里面的电能转移到的手机里面，这就是能量转移。在Z星，花骨朵就相当于"充电宝"储存着能量。

9. 磁场

磁场是一种看不见的物质，日常生活中它无处不在。可以想到的最大的磁场就是地磁场，信鸽、候鸟、海龟每年都在地球上长途旅行而不迷路的原因就是它们会辨别磁场。郑和下西洋的时候使用"罗盘"（也就是今天的"指南针"）在海上辨别方向，这也是用到了地磁场。除了辨别方向，我们在南北极可以看到的美丽的极光也是由于地磁场产生的。除了地球，日常中我们用的磁铁也是一种产生磁场的工具。

 10. 中控室

　　就是"中心控制室"的意思。以一家制作糖果的工厂来说，要制作糖果，需要一些人来处理糖浆，一些人来将糖浆和配料混合，一些人将糖果捏成各种形状，一些人将各种糖果装进不同的袋子里面。中控室就是专门来负责协调哪些人来做这些工作的地方，各种决策工作和流程问题都可以由中控室解决，中控室也可以说是一家工厂或者一个公司、一个机构的最重要、最核心地方。

 11. 远程传送

　　远程传送是指长距离物体的传输，就像哆啦 A 梦的任意门一样，可以将物体从一个地方传送到很远的另一个地方。目前来说，现在的技术还不能传输肉眼可见的物体，它的初步设想是：将要传输的物体分解为无数超级小的粒子，传输这些粒子，然后在要到达的地方将粒子重新组合为刚开始的物体。当然，现在的技术还不能完全无损地将物体完全重组为最初的样子，这还是很不成熟的技术呢。

 12. 弹射逃生装置

　　这是一种可以逃离原来位置的逃生设备。在战斗飞机遇到了损害之后，为了保护飞行员的安全，飞行员可以按动弹跳按钮，飞机座舱罩就会像一个充气的弹射舱一样从飞机上弹出来，弹到安全的距离后会借助降落伞下落，飞行员也就能安全地离开飞机了。

13. 地心引力

　　树上的苹果成熟后会落到地上，你跳一下会重新落到地面上，这都是因为地心引力的原因。英国的大科学家牛顿根据这个事实提出了万有引力定律：任何有质量的物体之间会相互吸引。这个吸引力的大小跟物体的质量和距离有关，地球足够重，物体跟地球的距离足够近，因此，地球可以利用地心引力吸引地球上的所有物体。如果没有地心引力之后，地球上的所有物体就会远离地球，飘向外太空。

 14. 引力漩涡

　　这是伟大的科学家爱因斯坦提出的"广义相对论"理论中的一个设想：引力效应，指的是具有质量的转动物体会对周围的时空产生拖拽的效应。本书中指的是由于引力的消失，周围时空失去秩序，产生了类似旋涡的洞把鲁班班、王思宇和艾米卷走了。

第二章
把斗篷脱下来

"快醒来，快醒来。"

小希只觉得一股热浪环绕着自己，还有什么人在叫她起床，她仿佛睡了很久很久、很香很香，一点都不想起床。她努力睁开眼，吓了一大跳！眼前这个人根本不是每天叫自己起床的妈妈，而是 M 机器人。她一骨碌坐起来，才想起先前都发生了什么。

"思宇！"小希问 M 机器人，"有思宇的消息吗？"

"滴——开始监测……"M 机器人又开启了它漫长的监测。

"行了，不用监测了，看来是没有喽。"小希失望地说。

小希仿佛忽然想起了什么："Z 小星呢？"

"滴——开始监测……"

"好了！我只是随口一问，取消监测。"小希很无奈。

"那你就不要随便问问题，开启监测功能是很浪费内存的，在这里，我感觉我到散热功能好像消失了。"M机器人开始抱怨起来，"你看看我的冷却系统还在工作吗？"

"好吧！是我的错，我不该多嘴。"小希边说边打开了M机器人烫手的后盖，"还在工作，不过你的身体好烫。可能的话就尽可能保持待机状态吧。"

"我们在这里很危险，我不能待机。"M机器人回答道。

"我们这是在哪？"说着，小希站了起来，眼前的景象让她大吃一惊。

"报告，我们从主星上不知怎么摔到炎炽星上来了，这是一颗副星……"M机器人回答。

不远处是一片大火！大火向四周蔓延，火势十分凶猛，把天空染成了金黄色，大火像有生命般席卷了整片山林。远看像是火龙在盘旋，走近似乎有张血盆大口吞没一切，带着浓烟与灼热，夹杂着令人畏惧的呼啸声，还有让人窒息的气体急速燃烧的嘎吱声，似乎天地也为这股喷涌而来的爆发而放行。

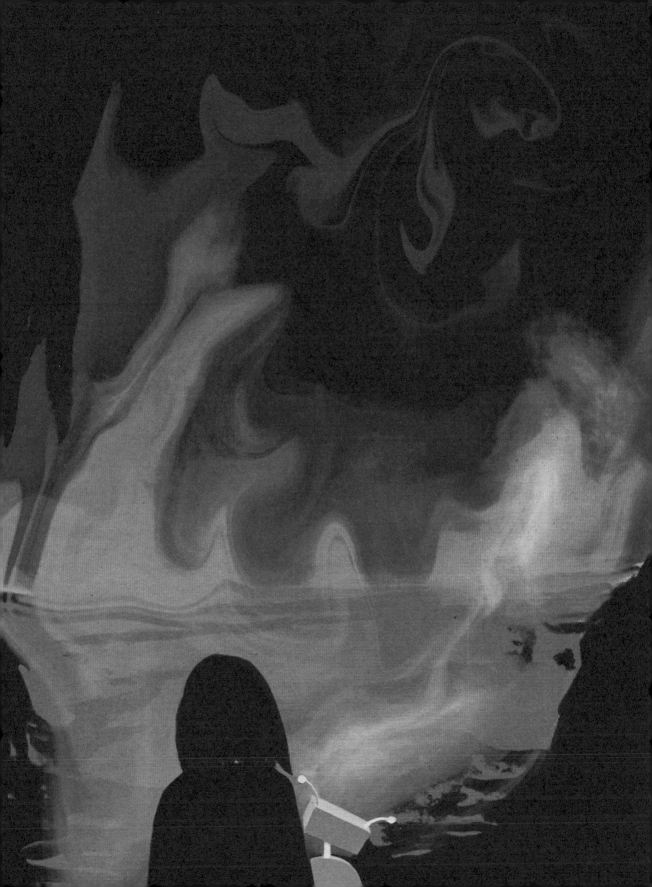

"怎……怎么办？"小希咽了咽口水，害怕极了。

"滴，不具备灭火条件，只能穿越火场！"M机器人提出。

"穿过去？你疯了吧，还是脑子真的被摔坏了？！"小希抱起M机器人左右检查着。

离这么远都能感觉到热浪滚滚，更何况在火场穿过去。

"根据检测，后面是悬崖，唯一能通过的只有前方，据预测，穿越火场的存活率为80%。"M机器人分析道。

小希环顾四周，她咬咬牙，下定决心，不能依靠别人，只能靠自己。

"既然以我们现在的条件没办法进行灭火，我们还是赶紧趁着火势没有封锁整个区域穿过火场！"小希一边观察一边说，"赶紧找水，打湿自己的衣物，把伞面拆下来也浸湿，捂住口鼻，阻断浓烟。"

M机器人听见指挥后，拿出备用水，打湿小希的衣服："我们应该从哪边穿过去呢？"

"看看大火蔓延的方向，我们现在的位置是下风向，我们要往上风向那边跑，那边的积水就会阻断大火。"小希冷静地分析。

小希捂着口鼻，弯腰前行，向上风向前进。周围被火焰的熏得滚烫，伴随着滚滚浓烟。

M机器人的显示屏上再度传来警告："警告！温度过高，高达

79℃。警告……"

终于，小希从火场边缘穿过，走到了上风向。她坐在地上，大口大口地呼吸着新鲜的空气。

突然，M 机器人伤感地说道："飞船被开走了，地球也回不去了，思宇也不知道掉去了哪里，就咱们两个人了……"

小希看了看一望无际的焦黄土地，一阵难过从心底冲上来，鼻头一酸，眼圈红了。从破解了神秘来信开始，小希就对来 Z 星球做客充满了向往，她原以为这里是气候宜人、物产丰饶的美好家园，生活在这里的人们都是亲仁善邻的好伙伴。然而来到这里看到、听到、经历到的所有事情都让她失望甚至绝望。

"啪……啪……"小希，使劲儿拍打衣服，但衣服已经沾满了灰尘，光靠拍打根本弄不干净，一向最爱干净的小希，现在浑身上下只有用来装种子的小袋子是干净整洁的。"滴答"一颗小水珠掉落在地上，却很快蒸发干净，仿佛不曾有过一般。"哐当哐当哐当……哐当哐当哐当……"M 机器人来回踱着步子。由于被首领从飞船丢了下来，又从主星摔到副星，一系列摔打碰撞后，M 机器人外壳被磨花了，内部的零件也好像有哪里松了，走起路来哐当哐当直响，不仅如此，M 机器人还掉了一个帮助行走的小轮子，虽说找了一个圆石头安了上去，但总归是不太好用的，走三步就要瘸一下。

"滴，环境自测完毕……炎炽星氧含量为 20%，湿度为 31%，平均气温为 36℃，最低温为 30℃，最高温为 43℃，当前温度已达到高温警戒标准，请注意防晒补水，请注意防晒补水……"

"温度太高了，怪不得我觉得这么热！"小希拿起水壶轻轻抿了一口，润了润嘴唇，"我们的备用水已经不多了，得找到水源才行。"说完，小希蹲下身来，抓了一把泥土洒在了 M 机器人的分析盘上，剩下的泥土，小希放进了装种子的口袋里，"如果有机会的话就带回地球当作纪念吧。"小希对自己说。

"滴……参数错误，参数错误，土质中含水量极低，排除人工取水的可能性。"M 机器人身上闪着红光，原地转起圈圈，似乎想钻个洞，看看底下有没有水。

这可怎么办？小希扎起被汗浸湿的头发，发起愁来。水是生命之源，没有水的话，连活下去都是问题，更别说回到地球了……"我们边走边找吧，一定会有的。"小希摇摇头将不好的想法甩了出去，给自己加油打气。Z 小星说过，四个副星都会给主星传送资源，既然这样，副星球上就一定有人居住，自然也就会有水源。

功夫不负有心人，当水壶里的最后一滴水被耗尽时，小希和 M 机器人终于看到了一片建筑。"是个小镇！"小希兴奋起来，真想冲过去。可是，此时的她实在是没力气跑了。

小希走进小镇，瞬间被眼前的景象惊呆了！整个小镇烟断火绝，没有了一点儿生活气息。路边房屋有的歪七扭八，有的房顶不见了踪影。这里倒是也有一些植物，树干奇形怪状：有三角形的、有倒三角形的、有弯成波浪状的，还有的是三个圆球叠在一起。可是，这些树木全都枯死了，没有一片树叶。

"这些树都应该是透明的树干和彩色的树叶啊，怎么……怎么现在没有了树叶，连树干都变成黑暗的颜色了呢？"小希抚摸着树干，心里难受极了。

"晒干了，晒干了，温度太高变成树干儿了。"M 机器人说。

"别说了！"小希有一点点生气。

"好吧，"M 机器人困惑于突然生气的小希，它摇了摇头，转身离开去周围探测，"人类似乎总是会生气，九维博士也是。"

"滴，检测到水源，检测到水源。"M 机器人举着一瓶水走了过来。

"有水了？"小希不自觉地舔了舔干裂的嘴唇，快步走了过去。

是一瓶干净清澈的水！小希咽了咽口水，接过瓶子，狠狠地倒进一大口，然后小口小口地咽了下去。甘甜的水滋润了小希干涩的嗓子，她舒服地眯起了眼睛。等缓过起来,小希好奇地问道:"这瓶水是在哪里看到的?"

"前方一百米拐角处。"

"这里么?"小希观察了一下四周,这是一个不算太宽的街道,从房屋的构造看,很久以前可能是有人居住的,但现在已经连屋顶都不见了。

奇怪!小希仔细地观察着周围的环境,皱起了眉头,这瓶水的水瓶已经很破旧了,而且没有盖子,但水却还有装得满满当当。如果是被人不慎遗失的话,按照炎炽星的高温,水会不停地蒸发,能剩一半就不错了。

这瓶水的出现一定不是意外!小希仔仔细细地观察起周围的环境。

"谁?"小希盯着不远处一个小石堆,将 M 机器人拉到身前,紧张地问道。

"是我 ....."石堆后缓缓探出一个身影。

"啊? Z 小星!"小希惊叫道。

2

"这里是哪里?你从哪里来?"小希问。

"这就是炎炽星土著居住区，不，应该说难民居住的地方。我带你穿越到这里，咱们就分开了。" Z 小星的声音越来越低，她低下了头。

这是一个很大的地下广场，温度要比外面稍低一些，但由于不通风，整个广场也弥漫着一股不太好闻的味道。

"热啊，我的斗篷里都湿透了！" 一个 Z 星人难受地说道。

"我，好渴……" 角落里传来一个微弱的声音，原来是一个倒在墙边的 Z 星人。

一个 Z 星小孩正在四处寻找。一边找一边念叨："爸爸，你不要怕，我给你找找，也许还能找到一些水。"

眼前的场景让小希心碎。

她眼睛红彤彤的，低声向 Z 小星问道："这是怎么回事？"

"他们的身体不仅长期缺水，而且处于营养不良状态，如果不能及时医治，身体会急速衰败，然后……" M 机器人抢着说。

"闭嘴！你这个臭铁块，爸爸才不会身体衰败！" Z 星小孩冲了上去，对着 M 机器人就是一顿暴打。M 机器人一副无所谓的样子。

"不会的，一定有办法的！" 小希想上前宽慰一下这个可怜的 Z 星小孩，可是脚腕处却传来一阵钻心的疼痛。原来，她的脚深深地崴在了一处裂缝中，陆地已经干旱得裂开了一道道缝隙。小希从裂缝中拔出脚，一瘸一拐地走到 Z 星小孩身旁，将手中的半瓶水分给他。

Z 星小孩盯着小希看了半天，低头说了声谢谢，就赶紧跑到爸爸身旁。

小希看着 Z 星小孩小心地将水喂给爸爸喝，她自己却在旁边咽口水的模样，难受极了。她转头向 Z 小星问道："天这么热，为什么不把斗篷脱下来凉快凉快呢？"

小希的话音刚落，Z 小星瞪大了双眼看着她，只见路旁废弃的建筑物中也探出几个脑袋，他们都是口干舌燥的 Z 星人。

"她说什么？"

"她说让我们把斗篷都脱下来！"

"斗篷怎么可以脱下来呢？这是对首领的大不敬！"

"可是我的确很热！"

"是啊，我也快熬不住了！"

"脱下来或许可以凉快很多！"

"可是……"

广场陷入了窃窃私语的讨论。小希疑惑地皱着眉，Z 小星人在一旁向小希解释道："在我们星球，除了首领，没有人敢脱下斗篷，我们甚至没有想过这件事！"

"为什么？"小希诧异地问。

"因为这是对首领的不尊重，没有人敢这么干。"Z小星回答。

小希看着城中这些几乎奄奄一息的Z星球人，站起身大声喊道："喂！你们不能这样懦弱，既然你们，咳咳……"小希清了清自己干得冒烟的喉咙，"既然你们都已经很热了，你们就应该把斗篷脱下来！这不是最理所当然的事吗？"

Z星人面面相觑，谁都没有说话。

就在这时，Z小星向前走了两步，她举起两只章鱼爪把斗篷一扯而下。其他Z星人都呆呆地看着她，仿佛有什么灾难马上就要降临在她的头上。"我以前是首领的助手，我比你们都害怕首领，他让我做了很多我不愿意完成的任务，可是我不敢反抗，我都去做了。小希说得对，不就是脱个斗篷嘛！有什么可怕的！更何况，我们的首领为了自己的利益，早就坐着飞船逃离Z星球了，我们为什么还要怕他呢？我宁肯脱掉斗篷，被辐射灼伤皮肤，也不愿意屈服于这懦弱的首领！"

一听说首领早就飞走了，Z星人议论纷纷，生气极了。

M机器人大声说："我已经检测过了，这里根本没有能伤害到你们的辐射！"

突然，Z星小孩站了起来，大声说道："我讨厌这个臭首领，就是因为他的贪婪，我们炎炽星的资源才会被开采完，气候才会变成这样；就是因为他的自私，炎炽星才会没有水，每月只能等运输车送水来！我要脱掉斗篷！"

"别，孩子，你的皮肤会被灼伤的，这里的辐射……"孩子爸爸的话还没说完，Z星小孩就把斗篷脱掉了。

"她没有事！辐射没有伤害到她！"大家惊讶地说道。

"难道是因为Z星引力改变引起的？"Z小星瞪大双眼，喃喃地说。

"终于脱下了这可恶的斗篷！"

"虽然还是很热，可是比之前要凉爽多了。"

"以后我们冷了就穿，热了就脱！"

"原来脱了斗篷也不会发生什么。"

"咦？你们看！这是什么？"正当Z星球的人们为脱下斗篷而欢呼雀跃时，Z星小孩指着地上的裂缝大喊道。

M机器人胸前的显示屏出现了几个大字："警告！小心进水！警告！小心进水！"

3

什么？是水！人们看到在地表的裂缝中渐渐泛出清澈的水，赶紧趴到地上喝了一口："真甜！能喝！"

一时之间，Z星球的人们像疯了一般涌到街上，他们有的蹲着，有的趴着，伸开了八条章鱼脚，大口大口地吮吸着裂缝中的水。街上显得异常拥挤，小希惊呼，原来这里竟有这么多人。不一会，街上已经没有什么空隙，Z星球的人们你挤我、我推你，有的踩着别人的章鱼脚向前爬，有的用自己的身子当作踏板让自己的孩子继续往前挤，还有的因为被踩掉了章鱼脚而和别人扭打了起来。

Z小星从未见过星球上有过如此混乱的场景，她努力地喊："别打了，别打了！"可她的话没有一点儿用。

阻止Z星球的人们继续混乱的，是裂缝中的清水。只见这些清水并没有因为人多而变少，相反地，这些水越涌越快，街上的水位越来越高。

"警告！小心进水！警告！小心进水！"M机器人的胸前又显现了这几个大字。

小希一把抱起了M机器人，刚才还只到脚面的水，此刻已经没过了小希的膝盖，水还没有停下来的意思。"怎么办？水越长越高了！"

Z 小星一手拉着小希，一手拉着那个 Z 星小孩，指挥着炎炽星的土著快速地跑出地下广场。

"我要去救爸爸！" Z 星小孩想要跳下去，被小希拉着不放。

"这太危险了！"小希说。

"但是……爸爸……" Z 星小孩哭起来。

"我去！"危急时刻，Z 小星说道。

"怎么会突然有这么大的洪水出现？"小希从未见过这般奇景。"难道是因为引力的紊乱，使得地下水开始往外冒？"小希猜测。

"我怀疑是星球间通道屏障破碎引起的。" Z 小星费力地将 Z 星小孩的爸爸扶到地面上，摸了摸 Z 星小孩的头顶，对小希说道，"炎炽星连接的星球正是寒冰星，那里水源充足，炎炽星每个月得到的生存水都来源于那里。"

小希满头大汗地说："我怎么觉得现在比刚刚的温度更高了呢？"

"我也觉得更热了，这好像比之前还热了。"炎炽星土著议论纷纷。

正在大家都觉得自己快要融化时，小希发现城中的水又陡然在下降。

"一定是因为气温太高了。" Z 小星若有所思地说，"温度太高水就会迅速蒸发。"

"蒸发是谁？"Z星小孩好奇地问道，他现在超级喜欢Z小星这个大姐姐。

M机器人抢着回答道："滴，蒸发不是一个人的名字，而是水从液态变成气态的过程。一般情况来说，温度越高、湿度越小、风速越大、气压越低，蒸发量就越大。在我们地球上，如果你把一盆水放在空气中，过一段时间就会发现水面稍稍降低了一些，这就是蒸发。河流会蒸发、海水也会蒸发，正是因为这些蒸发的水汽不断上升，到了天上越来越冷，渐渐又凝结成了小水滴，也就是一片片的云朵，小水滴在云里互相碰撞，合并成大水滴，当它大到空气托不住的时候，就从云中落了下来，形成了雨。"

"落下的雨，不就又回到河流或者大海里了吗？"Z小星若有所思。

"海是什么，是不是有好多好多水呀？"从没有离开过炎炽星的Z星小孩好奇地问道。

"是啊，所以我们就把水的这种变化和移动称为是水循环。"M机器人像一位耐心的老师一样搭腔。

"水循环可真是个好东西，你看我们地球上的人生生不息，就多亏了它。现在这里的水蒸发到天空变成云，等到有了雨水的时候，不仅可以解决他们的干旱问题，还能降降温呢。"小希也做补充。

"听你们这么一说，这眼前发生的倒也不算是坏事。"Z小星放宽了心。

小希开心极了，她觉得Z小星是一位值得信赖的伙伴。

然而，Z小星在与他们欢声笑语的同时，仍然忐忑不安，此时的她更想把心中的秘密告诉大家，可是她更怕当小希知道之后，就失去这个好朋友。

正当众人以为已经转危为安时，忽然发现远处狂风卷着滚滚黄沙向这边袭来。"快走，回中枢星球的通道就在前面不远处！"Z小星拉起小希就跑，M机器人紧跟在后面。很快，传送门出现在面前。Z小星拉开门就要进，却就被M机器人一把拽住："滴，危险！"

"你不要命啦！"小希喊道。Z小星一看门外的通道已经荡然无存，只有无底的深渊。

"多亏M机器人反应迅速，不然你就要消失在这里了！"小希着急地对Z小星说着。

"我……我只是想帮你们回到主星球……这里的大风，你们受不了的……"Z小星结结巴巴地说。

"谢谢你！"小希很感动。

"风马上就要来了，我们快想想怎么办吧！"M机器人紧张地说。

4

"你们看，这里的风肯定比你们地球上的风来得更猛烈！"Z小星说道。远处的信息牌整个儿被卷到天空。

"对啊，地球上的龙卷风也没有这么大的威力，怎么感觉整个地面都快被吸起来了！"小希不解地说。M机器人的显示屏上显示："前方风速过大，最大风速每小时200千米。"

"你们跟我沿着石壁走，我知道在前面有一个山洞，我们去那里看看，也许在那里可以躲过这场大风！"Z小星说着就走到了前面去。大家跟着她的脚步向前走去。每个人都眯着眼睛，硬着头皮顶风而行。小希颤颤悠悠地迈着腿，M机器人在后面跟着。狂风逼近，周围的树木不断被刮折并吹向远方。如果不是石壁挡风，他们早就被吹到天上去了。突然，M机器人被一根刮下来的树枝砸中，瞬间倒了下去。紧接着，失去平衡的M机器人被狂风卷起，小希一把拉住M机器人的脚，与机器人一起摔倒在地上。Z小星急忙跑过去，几个人拉着手继续前行。

"快看，前面就是山洞！"Z小星高兴地喊着，身上闪烁着橙色的光。进入山洞，每个人都松了一口气。大家刚贴着洞壁坐好，就看到一阵黄沙涌来堵住了洞口，洞里瞬间暗了下来。大家谁也不说话，听着狂风肆意地席卷着外面的一切。

不知过了多久，外面平静了下来。小希扒开洞里的黄沙，向外探头看了看，回头招呼："狂风已经过去了，我们快出去吧！"

大家走出山洞，满目疮痍的景象让他们惊呆了。

"以前不是这样的，这是炎炽星的绿洲。茂密的森林如同海洋一般连成一片。树木郁郁葱葱，散发出舒心的凉爽。远处的山丘高低有致，起伏连绵，在飘渺的云烟中忽远忽近、若即若离。苍翠欲滴的群峰簇拥着一条逶迤清亮的河，沿河两岸长满了五颜六色的花朵。草原绿草如茵，深呼吸一口，清香的草味扑鼻而来，让人心旷神怡。"Z小星失落地说。

"一定是Z星球紊乱导致的，会好起来的，你也别太难过了。"小希拍了拍Z小星的后背。"我们继续向前走吧，还不知道前面是什么样呢？"

刚走了没多远，小希"啊"的一声尖叫。他们头顶的天空突然变成了黑色，一大团乌云狰狞地笼罩在上方，乌云中不断地闪烁着金色的亮线，紧接着，一声巨响震耳欲聋，一道闪电劈向远方！

M机器人胸前的显示屏也闪烁着红光："警报！湿度过大，机器容易受损！"

"看来 M 机器人被刚才的大树砸坏了防锈系统，淋雨之后会生锈，我们要赶紧趁着这场暴雨来临之前制造雨伞和雨衣。"小希慌张地说。

"伞？什么是伞？"Z 小星一脸迷茫地看着大家。

"伞就是用来遮雨或者遮阳的工具，可以张开也可以合上。"小希耐心地解释道。

"我们谁会做伞呢？"Z 小星问。

"这……以前都是直接买伞，在我们的飞船里倒是有伞和遮雨设备，还有超级 3D 打印机，可现在飞船也没有了，超级 3D 打印机由思宇随身带着。要制作一把伞，我还真不知道怎么办。"小希无奈地回答。

Z 小星低着头闪烁着微弱的蓝光。

"唉，我记得小学二年级我看过一篇文章，说伞是由鲁班和他的妻子发明的，我们可以问问鲁班班，他博学多才，一定知道怎么制作伞。"小希激动地说道，"但很可惜，现在整个 Z 星的信号系统都是异常的，M 机器人连接不到思宇他们。"

"简单的问题请找 M 机器人！"M 机器人兴奋地说。

"对对对，怎么把你忘了，这可是你的强项！快说，快说，怎么制作一把伞？"小希惊喜地说。

"简单来说，伞由伞柄、伞骨和伞面构成。伞柄是伞的主心骨，支撑着整个伞，主要是用木头、竹子、金属等材料制成，伞骨是支撑整个伞面的，它能折叠能撑开，便于携带。伞面是伞中最重要的部分，担负着遮雨的责任，制作材料有塑料布、油布、绸布以及经久耐用的尼龙布等。"M机器人一板一眼地讲解着。

"可是我们这里没有这些合适的东西啊！"Z小星焦急地说。

"早期的伞是用树叶或草编织成的，后来也有用丝绸做的伞。我们可以用树枝、树叶和布料制作一把简易的雨伞。聪明的M机器人讲解完毕。"M机器开心地转起了圈圈，但由于轮子丢了，没转几圈就倒在地上。

"快帮帮聪明的M机器人。"

大家笑着把M机器人扶了起来，分配了任务。M机器人寻找坚固的树枝，Z小星寻找大片的树叶，小希寻找布料。不一会儿M机器人就找来了合适的树枝，Z小星找来树叶，只有小希一无所获。干旱，洪水，狂风肆虐，这时的野外哪里会有布料呢？小希着急地左找找、右翻翻。

"小希，你看这些够不够？"M机器人肩上扛着一捆树枝。

"这些树叶应该够了吧！"Z小星用八个爪子捧着一大堆树叶。

"应该够了，可……"小希低头闷声道，"我没有找到合适的伞面布料，光有叶子我们很难把它们拼接在一起。"此时，电光闪闪，雷声隆隆，零星的雨滴打在身上。

"那该怎么办？得赶紧想出办法，雨马上就来了。"Z小星灵机一动，"斗篷！"Z小星脱掉的斗篷没有扔掉，刚才起风的时候，她顺手披在了身上。

大家按照 M 机器人说的制作了两把伞，用斗篷的帽子给机器人做了一个小雨衣，披在它的身上。双重保险，万无一失。"你别说你这斗篷的布料还很不错，应该十分防水。"小希赞叹道。

他们刚准备好，"哗"的一声，大雨就像瀑布一样从天而降。三人在暴雨中前行。小希和 Z 小星照顾着 M 机器人，以防少一个轮子的 M 机器人滑倒。走了大半天，回头看看，还走了不到 500 米。暴雨一点儿停的意思都没有，反而更大了。"真不知道这暴雨要下多久！"小希抱怨着。

大自然并没有留给大家思考的时间，小希的话音未落，他们就发现远处两侧的高山有了异动。天崩地裂一声巨响，泥水裹着山石冲了下来！

"是滑坡和泥石流，大家不要慌张，保持镇定！"小希喊道，"不能往下游方向跑，我们要与泥石流成垂直方向往山坡上面爬，注意不要从巨石下面通过。"

听了小希的话，Z 小星带着 M 机器人快速向山坡上爬。好不容易

到达山顶后，暴雨也小了许多。他们看向下面，房屋像纸盒一样被撕得粉碎。道路如纸片一样被冲走，目及之地全然变成了泥泞的沼泽。小希深深呼了一口气，劫后余生，惊魂未定。

"你们快看！"突然小希兴奋地尖叫起来，只见他们背后的平地上出现了一片奇怪的彩虹。这彩虹与地球可不一样，不是一座彩虹桥弯弯曲曲的架在空中，而是从地面到天空一层一层叠在一起，像一面彩虹墙般横在大地上。

"多么美的彩虹，这一定是好运的象征！"Z小星赞美道。

"是呀！我们一起去拥抱彩虹吧！"说着小希兴奋地向彩虹跑去。大家也跟着小希向彩虹方向跑去。每个人都欢呼着、雀跃着，好像迎来了曙光，仿佛穿过彩虹之墙便会迎来美好的未来。

彩蛋多多

 1. 内存

内存是 M 机器人不断接收外界信息和做出处理信号的重要部件，比如说 M 机器人同一时间要行走，要说话，检测环境，它需要把从外部接收的信息放到内存，经过它的大脑"CPU"的处理之后，才能做出行走，说话和检测的功能。因为 M 机器人的内存是有限的，所以它不能同时做很多事情，只能节省内存做最重要的事情。

 2. 冷却系统

M 机器人是由机械组成的，它的胳膊，腿和头等部位都需要很多机械一起动才能做出像人一样的动作，运动就会发热，当这些机械太热的时候，它们会失灵，机器人会出故障。冷却系统可以给机器人降温，让它们可以正常工作。

 3. 待机状态

待机状态是指让机器人保持清醒但是什么都不用做。因为在这种情况下，可以尽可能地让机器人休息，不会因为机器运转而发更多的热，从而更好地保护机器人。就像当我们的小伙伴生病了的时候，爸爸妈妈会给他请假，让他好好养病，不能再出去玩或者上课，等病好了才能像往常一样上课和玩耍。

4. 泥石流

泥石流指的是泥土和石头形成的洪流。在特别险峻的山区，当有暴雨，暴雪或者其他自然灾害发生的时候，山上松软的沙土会混着暴雨或者洪水从山上滚落下来，除了泥土，还有滚落的石头。这个时候还待在山里面的人会很危险，因此，遇到极端的自然天气时，在山间行走要特别小心，或者尽量避免待在山里面。

5. 气压

气压指的是大气的压力。我们周围处处都是空气，虽然我们看不见，但是它们存在着而且有压力。我们日常利用空气与其他物体之间的压力差创造一些有意思的东西，比如说打气筒，吸盘，抽水机等等。我们平时用的吸管，可以将水从杯子里面吸上来，也是利用了气压差的原理。与我们联系更加紧密的呼吸，也是利用了我们肺部与大气压之间的气压差得以持续的。

6. 尼龙布

尼龙布是人类自己制造的一种布料，它的优点是比较耐磨，结实，不容易拉断，可以反复翻折，耐腐蚀和防水，缺点是吸水性比较差，不耐热。因为尼龙布不吸水，我们可以用它来做雨伞的伞面，也可以用来做书包，帐篷等等。

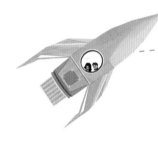

漩涡中先掉出一个鲁班班，随后思宇也掉了出来，艾米终于挣脱了思宇掌控，悬在空中看着他们。

思宇坐了起来，甩了甩头："哇，好晕哦！我这是在哪？"

"你在我身上！"鲁班班吃力地挤出这么一句话。

思宇一低头，见自己正坐在鲁班班的肚子上，急忙起身："抱歉！我说怎么软乎乎的呢。"

"你把我昨天吃的饭都挤出来了！"鲁班班爬起来抱怨着。

"刚才发生了什么？"思宇问道。

"我觉得我们可能是被突然出现的维度给吸食到了某个地方。"鲁班班认真地解释着。

"什么我们！明明吸的只有你，我和艾米是被你拽过来的好吧！"思宇很不满。

"哼！"艾米也双手叉腰摆出很不开心地样子看着两个人。

"你先别急着抱怨！我们需要先搞清楚我们在哪里。"鲁班班急忙转移话题。

唉，不知道现在小希怎么样了。思宇默默地想着。小希的喊声犹在耳畔，转眼间两人已经处于两个不同的世界。

"不好！快跑！"鲁班班忽然间大叫起来。

"怎么了？"思宇吓了一跳。

鲁班班来不及回答，只是向后指指拼命奔跑！思宇回头一看，也大惊失色，奔跑起来。艾米一见，"啾——"一个跟头翻了过来，扇动着两个小翅膀，落在思宇的脑袋上，惊慌失措。

原来，随着 Z 星的逐渐崩溃，衔接 Z 星的通道开始断裂。而思宇和鲁班班，此时正好在 Z 星两颗星球的衔接通道上。

"等等我！"思宇打开装备包，拿出带着四个小轮子的"跑跑鞋"。

"坐稳了，艾米！"思宇摸了摸艾米的小脑袋，借着通道的高度差，飞速向下冲去。

很快，思宇追上了鲁班班，眼看就要相撞了。"停下，快停下——"，思宇手忙脚乱地试图让"跑跑鞋"停下来，可是惯性这么大，哪里是说停就能停的。思宇速度太快没有停下，鲁班班却突然停住了。

　　两人"砰"地撞在一起！重重地摔了一个大马趴。艾米差一点儿被摔下来。

　　"你不知道刹车的吗？！"鲁班班大吼。

　　"不要怪我啊！你干吗突然停……"话还没说完，思宇就被眼前的景色惊呆了！

　　眼前是一片粉红色的广阔水域，除了脚下的黑色岩石，这粉红色几乎要占据了他能看到的整个空间。同样感到震撼的鲁班班也睁大了双眼。

　　前面是无边的粉红色的海，身后已经无路可退。

　　"这是哪里？也太奇妙了吧！要是 M 机器人在就好了，它说不定可以提供一些建议。"思宇思考着，东张西望，自言自语，"也不知道小希他们怎么样了？"

　　"她和 Z 小星在一起。Z 小星是本地人，他们不会有事的。"鲁班班推测道，"我们还是先解决好自己的问题吧。"

　　思宇也跟着点点头："我是想小希和 Z 小星在的话肯定有办法。"又说："艾米，你试着和 M 机器人联系一下，说不定能找到他们。"

艾米眨着大眼睛，努力伸长触角，触角的顶端像打开了一个星际雷达，不断搜索着来自 M 机器人的讯号。

"啊，找到他们了！"艾米地触角闪烁着绿灯，顶端又扩大了一圈，形成了一个大约两个手掌大小的圆形屏幕，"滴——滴——滴——"屏幕突然黑了。

这是怎么回事？

"大概是因为星球通道断裂，信号传输也受此影响。"鲁班班说。

如果 Z 星球真的四分五裂，我们怎么才能重新团聚呀？那我们……难道要像鲁滨孙一样来一场了不起的奇遇？

鲁班班摸了摸额头上的冷汗，把本来想说的安慰话咽进了肚子。他思考起以后的安排。

"联通各个副星球的唯一通道已经断裂，Z 星球的各部分随时可能崩溃，我们怎样才能重新见面呢，我们如何才能拯救自己和这个星球呢？"

"呀！"一个跳来跳去的身影打断了鲁班班的思考，他定睛一看，正是艾米在一块礁石群上来回跳跃，"深海星？"鲁班班戴上星际文字翻译眼镜看着礁石上的字，轻轻念道。

"呀！我听说过这个，Z 小星曾经介绍过，深海星是四个副星中的深海资源星球。整个星球 95% 都被海水覆盖，我们能降落在地面真是太幸运了。"思宇说。

"有没有说怎么回到主星？"鲁班班认为，只有到主星才有可能踏上回家之路。

"深海星离主星有点远，需要通过异兽星才行。"思宇一边读着礁石上的小字，一边回答。星际文字翻译眼镜太好用了，没有这个，礁石上的文字根本看不懂。

"那还等什么！咱们赶紧出发。"

"可……上面没说怎么离开呀，不过没有关系，咱们边走边找，一定能找到通道的！"思宇兴奋地说。他早就想进行一次海上冒险，现在终于有机会了！

此时的鲁班班正远眺着眼前无边无际的粉色世界："从目前的情况来看，我们要继续前进，只能穿过这片海域。"

思宇说："我可不会游泳，那我们来做一艘大船吧。"

艾米也附和道："做大船，做大船。"

思宇努力地回想课外书里的知识："要做就要做一艘既能漂也能潜的船。我有个好主意，我们来造一艘'水母号'，航行时它就像一只侧立的大水母，但……什么样的材料才能实现这种伸缩呢？"

鲁班班说："这个好办，我们可以利用最新的纳米技术制造的材料，这种材料由蜂窝状的纳米纤维合成，不仅十分轻盈，还具有很好的抗压性和延展性，是金属的 28 倍。在船体底部制造一个半圆形进水舱，并在船体顶部制作一个透明罩，在潜入水中时，顶部透明罩闭合，形成抗压罩。这样，我们的船就能在需要时变身为潜水艇。"

"'水母号'靠什么动力呢？核动力？"思宇说。

艾米扇了扇自己的小翅膀，说："我们可以制作一个大帆，依靠风能前进，还能利用大帆改变航行方向。"

"依靠风能可以，但受天气影响大。我们可以用光能分解海水，获得氢能源，做成氢燃料电池。"

"哇！"思宇崇拜地望着鲁班班，心想：怪不得小希想去秋实大学，懂得可真多呀。没想到，鲁班班又叹起气来。

"唉，说得再好也是画饼充饥。在这个破地方，去哪里找材料呢？"鲁班班失望地说。

思宇一边摸口袋一边说："这还得看我的。"说着，他从道具袋里拿出平板电脑，随着他手指的不断点击，神奇的事情发生了。平板电脑调用了"现场勘探"和"就地取材"和"能量集中"程序，一时间，脚下的岩石震动，粉红海水波动荡，空气中电光闪烁。不知过了多长时间，制作"水母号"的工具和 3D 打印材料已经出现在眼前。

鲁班班欣喜万分："小老弟，有这样的宝物在手，还怕什么呢？"

思宇把平板电脑递给鲁班班："博士大哥，这是科研的最新成果，全球一共三台，只在军队配备。你比我细心，咱们'水母号'的图纸还是由你来画吧。"鲁班班接过电脑，像跨进了实验室，一丝不苟地琢磨起来。要制造一艘完整的船，这几个部分都不能少：首先要有驾驶舱，这是"水母号"的控制系统所在，穿越海洋时，我们的多数时间都要在这里度过，驾驶舱中还必须设有高精度的通信系统，确保有信号时可以联系到小希。其次要设计舒适的休息舱，供大家轮流休息，只有充足的休息才能保证身体的健康运转，为此要为每个人量身定做一个睡袋。能源舱的密闭性要好，保证海水制备氢气的持续性和氢燃料电池的安全性。最后，还要增加一个武器舱，万一在海中遇到危险，我们必须想办法保护自己。对了，还要为船造帆，利用风能推动航行，以备不时之需。

"思宇，交给你一个简单的任务，你来造船帆，怎么样？"鲁班班对思宇说。

"没问题，保证造出一个完美的'水母帆'！"思宇永远自信满满。

思宇点击平板电脑，选出三角形帆布、一根上细下粗并且可伸缩的桅杆、结实的帆绳、升降船帆的滑轮等，并将这些材料放入 3D 打印程序中，输入名称"船帆"以及尺寸大小，程序便自动将各种材料按照船帆的样子组合起来。思宇将船帆和鲁班班设计的船体模拟图组合在一起，来到大海边，轻轻点击"确认制造"。在粉红色的大海上，巨大的三维坐标系建立，能量在坐标原点聚集。蓝色的光束，搭建起 3D 材料的输送通道。空中出现一个对话窗："你确认要建造'水母号'吗？该建造过程是不可逆的过程。"思宇点了"是"按钮。

这是一场物质与能量的盛宴，是人类顶级智慧的展现。思宇又想到了什么："可以就地取材打印'水母号'，却没有办法打印淡水和食物。食物实在没有，我们可以在海中捕捉鱼等水生动物，但是淡水我们在出发前必须准备充足，而且还要准备一些植物作为食物，虽然我这里有维生素片，不至于如古代船员那样得坏血病，但是老是吃鱼也会腻的呀！"说到这，思宇做了一个呕吐的表情。

鲁班班点头道："嗯，思宇想得很周到，艾米，我和思宇在建造'水母号'，你去周围找找食物，再收集一些淡水吧。"

"Q 弹软糯星人是不需要吃食物的，我只要吸收宇宙中的辐射能量波就可以啦！"艾米撇了撇嘴，继续在礁石上蹦着玩。

思宇眼珠一转，悄悄对艾米说道："但我们需要你的帮助呀，你可是一个进行过宇宙旅行的智慧生灵，这点小事怎么会难倒你呢？"

"嗯，那你得叫我艾米大王！"艾米调皮地说。

"哈哈哈，让你平常总是想做大王，被艾米学去了吧！"鲁班班看着思宇无奈的模样，哈哈大笑。

"是，艾米大王，谢谢你的帮忙。"思宇摸了摸脸颊，哭笑不得。

艾米咧了咧嘴，向思宇做了个鬼脸就跳跃着向一处树林前进。

"小心点，不管什么东西，先确定是安全的，然后才能靠近。一定要记住啊！"鲁班班不放心地喊道。

思宇也忙喊道："有危险就大声呼救。"

艾米一个高高地跳跃转身，脸上挂着灿烂的笑容，用高昂的语气回应："知道啦！"

2

艾米一蹦一跳地走在海滩上，左顾右盼，寻找食物。粉色水域的边缘生长着十几根古怪的植物，就像一棵棵倒插在水中的巨型萝卜。它们的根部十分粗壮，直径约一米，从根部到顶端，由令人窒息的墨绿色逐渐过渡为浅浅的绿色。每棵植物大概有一个成人那么高，顶端仅存几条黄绿色的长须，像伸向海洋的触手。艾米走近一看，长须的末端布满了吸盘，就像一只只大眼睛紧紧盯着它看。

艾米有一点点害怕，它躲在小石头后面。

见没有什么动静，艾米的胆子渐渐大起来："我艾米——艾米，怎么会轻易被吓倒呢，不就是一个长了几根须的胖萝卜吗，我作为一个宇宙旅行者，还没有使用我的生物探测能力呢。"艾米边想边慢慢接近一棵"超大萝卜"进行观察。

"我还是先测测这个'超大萝卜'的成分吧。"艾米想着，停在了距离"超大萝卜"两米多的地方，触角慢慢伸长伸长，直到接触到"超大萝卜"的表面。

艾米集中精神通过触角感知"超大萝卜"。触手的顶端发出了绿色的荧光，荧光照射下的"超大萝卜"似乎变得有些透明，表面显示出了一个个紧密排列的柱状细胞，这些细胞中都有一个绿色的片层状小结构，在阳光的照射下仿佛在闪动。艾米的触角接收到了这个活动的信号，原来这是"超大萝卜"外层的含有叶绿体的细胞在进行光合作用制造有机物。而"超大萝卜"的内层有很多很薄很大的各种不规则圆形细胞，这些细胞看起来是透明的，像颗颗闪亮的珍珠。"我直接拔几棵'超大萝卜'储存起来让思宇哥哥和班班博士当水果吃不就行了，我好聪明呀，哈哈……"艾米一边美美地想着一边不忘继续探测，以确保它们对自己

不会造成危害，毕竟生命最重要。"原来这种植物的触手状叶只是为了捕捉一些水生微小生物来补充能量的，没有危险。"艾米的心终于踏实了，接着又兴奋起来，因为找到了一种矿物质及维生素丰富的植物性食物。

挖出"超大萝卜"需要工具。艾米按原路返回。

一艘大船矗立在粉红色的海洋上，非常壮观。

"哇，好大的船啊，博士大哥、思宇哥哥，你们的速度好快啊！"艾米压抑住自己内心的激动，调整呼吸，抬头挺胸，中气十足地说。"快给我挖掘工具，我找到了能当食物吃的'超大萝卜'。"

思宇停下手里的工作，赶紧先拿出平板电脑就地取材，挖掘工具3D打印完成，并嘱咐道："不用太着急，我们还要制作船的内部结构呢，不是一时半会儿能完成的，你注意安全。"

"知道啦！"艾米一边回答一边接过思宇给的工具，慢慢地退到一块大石后面，确保思宇看不到自己，它才一把抱住工具，小短腿像车轮一样往前跑。

很快，艾米就挖了好几只"超大萝卜"。

"哇！"制作完船帆的思宇走了过来，惊讶地说道。"你太厉害了，艾米！"

"不对不对，你叫得不对！"艾米跳到一个小树枝上，跷起二郎腿不满地说道。

"好吧，你真是太厉害了，艾米大王！"

"呼噜呼噜"艾米兴奋地原地转圈。

"食物有了再制作水，我利用海边沙滩的条件制作几个淡水蒸馏取水装置吧。"思宇观察了一下，决定为了保护环境采取更健康的取水方式。他用 3D 打印制作了一个水盆，水盆中盛满海水，盆上面悬一条拉成弧形的塑料膜，塑料膜的中间放一粒小石子，使塑料膜中间下凹。光照盆中的海水蒸发产生水蒸气，水蒸气与塑料膜接触遇冷凝结成水珠，水珠都汇集在塑料膜的凹点，水盆中的水面中央放一个空杯子，水珠就会滴在杯子中。淡水就得到了。

制作好取水装置后，思宇又和艾米将十只"超大萝卜"搬到了刚刚建造好的"水母号"的船舱中。

"十只超大萝卜恐怕不够。"鲁班班擦了擦汗，放下快完工的造船工具。

"一共不到二十只，难道都带走吗？"

"全部带走！"鲁班班皱紧了眉头，"既然有可以提供食物的树，就全挖出来。"

"但全部挖出来这里的生态怎么办！"

"这又不是地球！生态和咱们有什么关系！"鲁班班有些不耐烦了。

"就是因为有你这种人，地球才会变成这个模样的！"思宇大吼着将淡水蒸馏取水装置搬到飞船上，心情沉重极了。

"吱——"艾米看看思宇又瞧瞧鲁班班，困惑地摇了摇头，它不知道为何两人会吵架，但它觉得思宇是对的。

3

"水母号"顺利起航了！但思宇和鲁班班却一个站在甲板上，一个钻进驾驶舱，二人陷入冷战。

伴随着波浪轻柔的晃动，粉色海洋的全貌逐渐展现在他们的眼前。此时的海洋似乎用它温柔的怀抱欢迎着从另一个星系远航而来的客人。

"艾米，你之前见过大海吗，你知道地球上的大海是什么样子吗？"思宇注视着一望无际粉红色的海洋对艾米说。

"我这是第一次见大海，Q弹软糯星上没有大海。地球上的大海是什么样子啊？"

"我们居住的星球——地球从太空看就像是个蓝色的大水球，海洋差不多占地球表面积的71%。海洋里有各种各样的鱼和其他海洋生物，你还记得在飞船里看见的小金鱼吗？海洋里有两万多种大大小小千奇百怪的鱼呢。每到暑假，我最喜欢去海边玩了。"思宇流露出怀念的神色。

艾米想起了小金鱼的可爱模样，可是对于从来没有踏上过地球的它来说，其他鱼是什么样子，它可想象不出来，于是只好似懂非懂地点点触角。

"不仅如此，由于太阳的辐射和地球的引力，地球上的水在陆地、海洋以及大气之间不断地循环。海洋中的水蒸发成为水蒸气，上升至空中遇冷凝结成云，云四海飘荡下落为雨，雨水汇集多了在陆地表面流动，还能形成河流，塑造地球表面的形态。"鲁班班不知何时出现在甲板，补充道。

"你们快看，那是什么？"思宇突然兴奋地大叫。鲁班班和艾米凑过来，顺着思宇的目光看去，发现粉色的海洋中有一片蓝色区域。仔细看去，原来是许多蓝色的小生物聚集在一起，它们有着水滴状的身体，身体的左右两侧各长着两片像翅膀似的鳍，身后拖着一条长长的尾巴，上下摆动拍打着水面。圆圆的脑袋上下各有一只圆溜溜的小眼睛，使它能同时观察海平面上下的情况。它们胖胖的身体靠这些灵活摆动的鳍来转换方向，每当一侧的鳍碰到阻碍前进的东西，另一侧的鳍就会快速摇摆，进而帮助它朝另一个方向游去。

"它们的身体看起来就像蓝色的水滴，我们就叫它'蓝水滴'吧，它们看起来很温顺的样子，大概不会攻击我们。"思宇是这艘船上第一个发现它们的人，自然具有给它们命名的权利。

　　"蓝水滴，你们好啊，我是艾米，很高兴见到你们！"艾米见到了海洋生物，兴奋地向前跳去，"啪"地一下脸紧紧贴在了甲板上的隐形保护膜上，幸好鲁班班眼疾手快把它拉回来，不然就要把自己拍扁了。

　　"蓝水滴"好像感觉到了艾米的呼唤，它们围绕到"水母号"的周围，越贴越近，刚触碰到"水母号"的船体，就像一颗石子被投进湖面后漾起的圆形波纹，随着波纹远离了，可是没离开多久，它们又重新聚拢回来，再一次被荡开，就像围绕着"水母号"整齐地跳一支舞。

　　"好神奇呀，我从来没见过这么多行动有序的小东西！"鲁班班感叹道。

　　"别大惊小怪，咱们的探险才刚开始，后面有你感叹的时候呢！"思宇一副风轻云淡的样子，好像真的见识过外太空更离奇的事件，而对眼前这些奇特生物毫不在意似的。"不过如果一直肆意开采树木，环境恶化，那这些小生命恐怕全都会消失吧！"思宇对鲁班班之前不知保护环境的态度仍然不满意。

鲁班班不好意思地低下头，在见识到大自然的美丽壮观后，他终于知道了自己思想的狭隘，每一处美景都应该得到保护，无论在哪个星球上。

"哇——"艾米一边叫一边激动地向观测屏上跳去，连脑袋上的触角也像吸盘一样紧紧贴在观测屏上，"我也发现海洋生物啦！"经过了"蓝水滴"的包围，他们又遇到了Z星球最早的海洋居民，只要看一眼就知道这些生物来自Z星球——它们的身体就是一个小小的散发着黄色光芒的"Z"。所有的小"Z"排成一队，每一个小"Z"都像一只小黄鸭，摇摇晃晃地飘游在前一个小"Z"的身后，远远望去，就像是一条长长的尾巴，又像一条金线落入了水中。

思宇看看这排成一队的小"Z"又转头看看艾米："艾米，它们看起来比你还要可爱！"

"我可是艾米大王，才不需要可爱！"虽然这样说着，但艾米还是伸长了触角想要对"Z"们发送信号表示友好，可它们却不为所动，继续朝着远方游去。

"也许没有回应就是对我们最好的回应！"鲁班班意味深长地说。

"咕噜噜——"艾米和鲁班班同时听到了声音，便低头去寻找声音的来源，他们俩的目光同时集中在了思宇的肚子上。这让思宇很不好意思："距离上次吃饭已经 5 个小时了，我正是长身体的时候呢，只吃植物根本吃不饱嘛。"鲁班班作为一个理工科博士，为了获得一个实验数据曾经一个星期每天只吃一顿饭，在他眼里，发现真理可比填饱肚子重要多了："真拿你这吃货没办法。"话虽这么说，鲁班班已经开始减慢"水母号"的航行速度以便发现附近的美食，他不想轻易吃掉船上的"超大萝卜"。

"这么多奇怪的海洋生物，我们怎么知道哪种可以吃呢？"思宇虽然做事有点马虎，可是对待食物的态度却异常认真。

"艾米不是会一个神奇的技能吗？让它来帮我们检测一下哪些生物是可以食用的。"鲁班班说。

"咳咳！"艾米抖了抖小翅膀，等思宇给自己按摩了一番后，才看似勉强松口，可惜即使面部表情再矜持，翘起来的小尾巴却怎么也遮不住。

艾米伸长自己的触角，这次它让触角的方向对准海洋。触角顶端的小口慢慢张开，全息投影屏再次出现，触角口对准的海洋表层影像显示在屏幕上。当屏幕上出现了一只长着扁扁的鸭子嘴巴，身后拖着香肠一样圆鼓鼓身体的怪鱼时，艾米的触角张得更大了："这种鱼很美味，无毒，富含蛋白质和维生素，脂肪含量低，容易被人体消化吸收。而且，这是

Z星球海洋中数量最多的鱼类之一，完全不必担心因为你们的食用导致它的灭绝。所以结论是，你们可以大饱口福了！"

"那我就不客气了！"思宇早已迫不及待，他点击"水母号"的捕捞功能，一只机械手迅速伸入海中，抓住了三条胖乎乎的"鸭嘴鱼"，思宇早已打开平板电脑，制作打印出了烤箱、餐具和佐料："今天我请大家吃'思宇烤鱼'。"

艾米不屑地说："哼，你明明知道本大王只需宇宙能量！"

饱餐过后，三人重新回到"水母号"的控制舱。此时，原本淡蓝色的天空已经被盖上了一层厚厚的蓝丝绒天幕，这是他们即将共同度过的第一个深海星的夜晚。

突然，警报响起，受超强磁场的影响，导航失灵了。

"天黑了，根本看不清楚方向，我们该往哪航行呢？"艾米站在思宇头顶，两个小翅膀止不住的颤抖。

"在地球的时候，如果没有导航我们通常靠北极星指引方向。北极星是地球天空北部的一颗亮星，离北天极很近，从地球北半球上看，它的位置几乎不变，所以可以靠它来辨别方向。它距地球约434光年，是夜空能看到的亮度和位置比较稳定的恒星。"

"离开了太阳系，一切都变了。"鲁班班说。

"什么是太阳系？太阳系和你们生活的地球是什么关系？"因为认识了思宇、小希、鲁班班，艾米对地球的一切都充满了好奇。

"太阳系位于银河系中，是以太阳为中心，和所有受到太阳的引力约束天体的集合体。这其中有 8 颗行星、至少 173 颗已知的卫星、几颗已经辨认出来的矮行星和数以亿计的太阳系小天体，包括小行星带天体、柯伊伯带天体、彗星和星际尘埃。依照至太阳由近及远的距离，这 8 颗行星分别是水星、金星、地球、火星、木星、土星、天王星和海王星，其中距离太阳较近的水星、金星、地球及火星称为类地行星，木星与土星称为近日行星，天王星与海王星称为远日行星。就拿我们生活的地球来说吧，它已有 44 亿到 46 亿岁了，有一颗天然卫星月球围绕着地球以 30 天的周期旋转，而地球以近 24 小时的周期自转并斜着身子以一年 365 天的周期绕太阳公转。正是因为地球的自转，我们就有了白天和黑夜。而因为地球斜着身子围绕太阳的公转，我们就有了一年四季春夏秋冬的变化。"

"地球真是一个遥远而神秘的地方，有机会真想到地球上去瞧瞧。"艾米小声地说道。它突然有些想念自己的母星了，自己的母星虽然可能只是低等星球，但对它来说就是最好的家。

"还有比地球更加神秘、深邃的存在，那就是我们存在其中，却永远无法完全了解的宇宙。宇宙是万物的总称，是时间和空间的统一。宇宙浩瀚，无边无际。不要说我们一个人、一个国家、一个星球，就连银河系在宇宙之中，也就如同沙滩中的一粒沙，海洋中的一滴水。"鲁班班的话，思宇和艾米并不能完全明白，不过他们相信，正是因为眼前这位博士哥哥，他们对宇宙才又多了一点点的理解，多了一点点的想象，这就足够了。

"不过，就像今天我们在探险一样，地球人类，Z 星人，以及其他外星文明都在尝试揭开宇宙的神秘面纱，哪怕我们都只是触碰到了这巨大面纱的一角。"尽管明白宇宙探索之艰辛，鲁班班还是想留给思宇继续探寻的希望，让他将自己的好奇、勇敢一直保持下去。

"这个我知道，我们在科学课上听企鹅老师介绍过，人类一直没有放弃对宇宙的探索，1957 年苏联采用改装的 P-7 洲际导弹把世界上第一颗人造地球卫星送入太空。1961 年苏联首先将载有世界上第一位宇航员尤里·加加林的'东方 1 号'宇宙飞船送入离地面 181 至 327 千米的空间轨道，实现了人类梦寐以求的飞天梦。1969 年美国'阿波罗 Ⅱ 号'登月舱在月球安全着陆，美国宇航员 N.A. 阿姆斯特朗和 E.E. 奥尔德林登上月球。2019 年，中国'嫦娥四号'登上了月球的背面，并且实现了在月球背面与地球的通信……"一说起宇宙探索，思宇就像打开了话匣子般喋喋不休。

鲁班班看着姿态夸张的思宇，眼底逐渐涌上了一丝认同，虽然思宇现在还是孩子，但在他的身上，鲁班班感受到了一种同样的精神，那就是不断探索的坚定信念，而这，不也是他最早进入秋实大学的初心吗？

艾米仰望着墨蓝色的夜空，这蓝色一直伸向远方，像是通向宇宙的入口，因为视线所限，这里似乎什么也没有，可每当在心中回想起鲁班班和思宇的话语，这天幕中似乎又充满了所有能想象到和不能想象到的神秘。

突然，艾米似乎看到了什么，那是 Z 星球远处的一颗星球，就像是让思宇和鲁班班魂牵梦绕的地球，那是艾米的家——Q 弹软糯星，虽然它只是宇宙中的一颗毫不起眼的低等星球，虽然那里的资源非常贫乏，可那是艾米和所有亲人唯一的家园。原来，只有不忘记自己从哪里来，才会明白自己应该向哪里去。"我们是不是也可以找到一颗属于 Z 星球的'北极星'，这样，我们就能在夜晚也辨明方向了。"艾米脱口而出。

"这么简单的道理，我怎么没想到呢？"思宇以为自己的脑瓜一向机灵，没想到艾米也变得如此机智了。"艾米，快打开你的触角，去接收来自其他星球的电磁波。也许我们真的能找到一颗'北极星'，这样我们就能更快地驶出这片海洋了。"鲁班班也赞同这个想法。

4

艾米的触角直直地指向天空，缓慢地朝着前后左右不同方向摆动，为了接收更多的来自宇宙深处的信号，艾米的身体缩小了一半，同时，它的触角伸得更远、更长。

思宇攥着拳头，为艾米打气："加油，加油，你一定能行！"

鲁班班的眼睛也紧紧地跟随着艾米的触角移动，他同样希望，真的存在这样一颗闪亮的星，指引他们前行。

可是，搜寻了半天，艾米触角顶端的全息显示屏上并没有出现任何亮光，由于搜索极其耗费能量，艾米的身体只剩下原来的三分之一。

"艾米，要不然你休息一会吧，我们再想想别的办法。"思宇担心地说。"是不是我们找错了方向？"鲁班班也开始怀疑自己最初的判断，也许 Z 星球距离其他发光的星球都太远了。

可这一次，艾米不想放弃。它每发出一次搜索信号，身体就变小一点，随着它持续不断地搜索，它的身体正在慢慢缩小，原本圆嘟嘟的艾米就像马上要漏完气的气球。当它用尽全力发出最后一点信号，艾米的大眼睛突然闪烁了一下。思宇揉揉眼睛："我没有看错吧？我好像看到了一点亮光。"

"没错，我也看到了。"鲁班班相信自己没有看走眼："那很可能就是我们要找的北极星。"鲁班班的话还没说完，艾米的眼睛中出现了一个微弱的光点，这个微弱的光点越来越亮，并不断向周围扩散。不仅如此，这个光点像是艾米的"充电器"，随着光源的扩大，艾米的身体慢慢恢复了圆鼓鼓的样子，并回到了原来大小。

"这是哪颗星球，还能给艾米充电？"思宇疑惑不解。

根据艾米接收到的信息，鲁班班弄清了能量的来源：是数不清的和艾米一模一样的生物在发光，原来，这颗位于Z星球北极上空的"北极星"竟然是艾米的家——Q弹软糯星！艾米的同伴们因为接收到了艾米发出的信号而聚集在一起，它们将吸收的电磁波能转化为光能，通过触角发出亮光，并集中向艾米发射。

"我刚刚接收到信号了，信号里有离开深海星的导航路线！"发现"北极星"的艾米既因为完成了使命而骄傲，又因为和Q弹软糯星的同伴们取得了联系而激动，兴奋得又蹦又跳。

其实Q弹软糯星是一颗行星，不可能成为真正的北极星，但是它能把导航信息传给艾米，就比"北极星"还要有用了。

众人并没有发现，Q弹软糯星发来的信号中，还有一缕从海的另一面发射出来。

 1. 蜂窝状

蜂窝状指的是像蜜蜂的窝一样的形状。蜂巢是蜜蜂生存和繁衍后代的居所，它是由无数个大小相同的孔穴组成的，孔穴是正六边形，每个孔之间被蜡制的墙隔着，蜂巢很结实，也很轻，房子也很隔热，隔音效果也很好。我们现在经常用"蜂窝状"来形容蜂窝一样疏松的多孔结构，在这里，纳米纤维材料的外形是蜂窝一样的多孔结构。

 2. 纳米纤维材料

纤维是细丝一样的东西，可以分为动物纤维和植物纤维，常见的纤维有：绵羊毛，兔毛，蚕丝，木材，甘蔗等。纳米是一个很小很小的长度单位，我们一根头发都有好几万纳米那么粗，所以纳米纤维材料超级细。这里的纳米纤维材料结合了纳米和纤维的特性，既轻盈，又有好的延展性和抗压性，可以很好地用来制作大船。

3. 氢能源

氢能源是一种清洁能源，使用氢能源对环境无害，不产生导致温室效应的二氧化碳。而且氢能源不同于不可再生的化石能源（煤，石油，天然气），它可以利用太阳能分解水得到，绿色而又环保，而且，对于氢能源，它的能量很高，是同等质量下汽油能量的三倍。现在科学家们都在积极研制氢能源的大量制备方式，方便之后更好地取代化石能源。

4. 氢燃料电池

电池是一种能存贮电能的装置。氢燃料电池是氢气和氧气通过化学反应生成水，同时产生电能。利用这种方式产生的电能对环境没有污染，没有噪音，很小的一块电池就能产生很多的电能。这种电池经常应用在航天飞机，汽车等上面，相信随着制造电池的技术越来越高，我们会越来越多地用到这种电池。

5.3D 打印

我们日常用的书本，试卷都是用平常的打印机打印出来的，它们都是把字打印到一个平面上，我们也叫它们为"2D 打印"。"3D 打印"是一种可以打印立体物体的一种技术。比如说，我们可以利用橡皮泥捏成一个卡通人物，"3D 打印"技术可以用一种特殊材料打印出一个立体的类似于橡皮泥捏成的卡通人物。当然，"3D 打印"在未来的应用更加广泛，我们可以打印汽车，家具，房子和大船，只要将你要打印的东西在电脑上设计出来，3D 打印机器就可以打印出你想要的东西了，而且想要多少就有多少，是不是很神奇呢？

6. 维生素

人和动物需要维持正常的运动需要从食物中获取维生素，维生素在人体的生长、发育过程中十分重要。主要的维生素有：维持视觉、促进发育的维生素 A，促进人体代谢的维生素 B，防止坏血病的维生素 C 和防止佝偻病的维生素 D 等。小朋友们要多吃蔬菜，不挑食，才能全面补充维生素，保持健康的身体。

7. 坏血病

坏血病是由于人体缺少维生素 C 导致的一种病。在古代，远航的海员们在海上因为要航行很久，没有新鲜的蔬菜和水果，会缺少维生素 C，从而患上坏血病，海员们会全身没有力气，特别疲惫，牙齿和骨骼会出血，严重时还会危及生命，因此坏血病有着可怕的称号："海上凶神"。但是，只要补充新鲜的果蔬，或者维生素 C 片，这个可怕的"凶神"就一点也不可怕了。

8. 辐射

辐射是指电磁波从一个中心不断向远处传播的过程，我们之前讲的电波是电磁波的一种，它可以传递信号和能量。在这里，宇宙中由于辐射，存在着能量波，艾米可以利用自己的接收器，吸收这些电磁波，并这些电磁波转变为能量，供自己使用，从而不用吃饭，利用这些能量满足自己的日常活动。

9. 细胞

细胞是生物的基本单位，动物细胞有细胞膜、细胞质、细胞核组成，植物细胞由原生质体和细胞壁两部分组成。人体约有 40 万亿—60 万亿个细胞，我们每一个人也都是从一个细胞发育而来的。动物细胞和植物细胞的大小大约为 1 微米到 100 微米之间，在显微镜下可以看到它们的形态。细胞可以分化，组成我们不同器官，承担不同的任务。

10. 片层状结构

指的是一片片，一层层堆积起来的结构。在这里指的是细胞内部的叶绿体一层层，一片片排列，有序地进行着光合作用。

11. 光合作用

绿色的植物可以利用光能进行能量转换，将光能转变为自己的能量，将二氧化碳变为氧气。氧气是我们每个人呼吸都需要的气体，我们呼吸需要消耗氧气，植物可以放出氧气，所以，屋子里面可以养一些植物，产生氧气，有利于人体的健康。当然，光合作用需要有光才能进行。

12. 叶绿体

叶绿体是植物细胞质的一个组成部分，在高等植物里面存在。植物可以利用叶绿体进行光合作用，可以将太阳能转变为自己的能量。

13. 隐形保护膜

在海底，需要把海水和我们隔绝起来，我们才能在船里面正常呼吸，这就是保护膜的作用。如果我们还想欣赏海水里面的奥秘，需要把保护膜做成透明的，这个样子，我们既能欣赏到海水的奇幻现象，又能得到船的保护。

 14. 光年

光年是距离的单位，代表光走一年那么远的距离。光的速度大约是每秒30万千米，所以一光年的距离大约是：9,460,730,472,580,800 米，这代表着很远很远的距离，假如一光年的距离要现在最快的高铁行驶的话，大概需要100万年才能走完。

 15. 恒星

恒星是由超级热的气体组成的，可以自己发光的，球形的，很大的星球。太阳就是一个恒星。月亮本身不能发光，它是反射太阳的光才亮的，所以月亮不是恒星。跟"恒星"相对是"行星"，行星围绕恒星转动，比如说地球、火星都是太阳的行星。

 16. 星际尘埃

在宇宙中，经常会有一些星星会碰撞或者爆炸，它们碰撞以后会解体，产生细小粒子组成的微小尘埃，这就是星际尘埃。

17. 低等星球

　　每个星球都有自己的发展过程，我们的地球经历了从蒙昧的原始时代到如今的科技星球，并且还在不断地发展。如果一个星球的发展落后于我们，科技水平没有我们高，或者没有产生有智慧的生命体，我们就称这个星球为低等星球。

第四章
神奇的触手

出现在小希和M机器人眼前的是一条丝带般的小河，波光粼粼，水声潺潺，两岸是一片凉爽怡人的景象，似乎并没有因为星球异常而发生变化。

但在河水中央，却有一个紫色光洞，即使是隔着十几米的距离，小希也能听到光洞另一头传出的寒风的呼啸声。

"这就是前往寒冰星的通道吗？"小希有些紧张。

"是的，这是去寒冰星的唯一通道，到了寒冰星，我们就有机会到达主星了。"Z小星观察了一下周围的环境，肯定地说，"目前，我们没有工具，只能三人互相当跳板冲过去了，小希，你……"

"我没有问题！"小希笑了笑，安慰Z小星。

"不要怕，小希，你一定可以的！"小希给自己鼓劲儿。她在河边找到未枯萎的藤蔓和草茎，将披散的头发扎成一束马尾，以免跳跃时不方便。

如果这个时候，有同学走了过来，一定无法将这个英姿飒爽的小孩和学校里的乖乖女联系在一起。此时小希眉间的坚强与勇敢表明，她已经发生了蜕变。

Z小星率先起跳，八只爪子共同发力将自己高高地抛在空中，而M机器人则借助藤蔓的弹力，像一个小炮弹一样向前冲去。

就是这一刻！小希从一个石头上跳了下来，以Z小星为支点二次起跳，再利用M机器人的推动力成功降落在光圈内的平台上。

"抓住！"小希刚一落地，立马抛出腰间的藤蔓，甩向Z小星和M机器人。

"呀！"眼看自己就要落水，Z小星伸长触手紧紧缠绕住藤蔓，借力向光圈内的平台飞去。

"哇，救救我救救我，快救救可怜的M机器人！"M机器人大叫。

Z小星低头一看，这才发现M机器人由于两只手都修得太过圆润，抓不住滑溜溜的藤蔓。眼看M机器人就要落水，Z小星赶紧伸出一

只触手紧紧地缠在 M 机器人的腰间。

"快上来！"小希用力将二人拉到光圈内的地面上，倒在平台上大口喘气，"还好……你们都平安，急死我了！"

"感谢 Z 小星，下面，请让我为你播放一首《感恩的心》：感恩的心，感谢有你……"，M 机器人不停地围着 Z 小星转圈圈。虽然不合时宜，但在九维博士输入的代码指令中，知恩图报一直是很重要的一条，M 机器人一直谨记。

"这首歌真神奇。"Z 小星喘了几口气，从地上爬了起来，"我这就去开启星球通道，嘶——"

"怎么了，你的触手怎么了！"小希焦急地问道，Z 小星的触手中，有一根以极其不自然的姿势垂落在地上。

"只是拉伤，没有关系，我们的触手恢复能力是很强的。"Z 小星将受伤的触手藏在身后，装作满不在乎的模样。"我们回到主星才是最重要的，大家做好准备，星球通道即将开启，准备 3——2——1！"

就在光圈亮起的那一刹那，小希和 M 机器人一边一个，将 Z 小星夹在中间，保护着 Z 小星。

Z 小星站在二人中间，突然有种莫名的感动，她回想起自己曾经做过的一切，冰冷的心也慢慢温暖起来。

"滴，通道开启，目的地——寒冰星！"

随着一阵美妙的音乐响起，光圈绽放出七彩光芒。等光芒消失时，平台中间的三个人已经消失得无影无踪。

2

"砰砰砰"M机器人、Z小星和小希像叠罗汉一样落在一片松软的土地上。

"这就是寒冰星吗？"小希从地上爬了起来，揉了揉砸痛的胳膊，好奇地观察着四周。很奇怪，明明骄阳似火，为什么说这是寒冰星呢？她没有思考太久，因为答案马上就来了。

几分钟之后，夜晚降临，寒冰星很快被黑暗笼罩，寒风刺骨，毫不客气地彰显着自己的个性。

"没错！"Z小星从地上爬了起来，观察了下周围的环境，肯定地说。"这就是寒冰星！寒冰星人烟稀少、昼短夜长，虽然其定位是矿产资源开发星球，但由于气候环境独特，有许多Z星人喜欢来这里探险。狂风就是寒冰星的典型特征！"

"你看我的哈气！"小希说道，"这里一定是太冷了。地球上，人在冬天室外呼吸的时候，呼出的水蒸气遇到低温空气，会凝结成水汽。在这里，我们呼出来就成小冰粒了！"

凛冽的寒风，呼呼地刮着，犹如闪着寒光的刀片在脸上划过，又像针一样刺透每个人的身体。大家不由得缩紧了身体，艰难前行。

"这是什么？" Z 小星的脸上突然落了一个莫名其妙的东西。

"雪！"小希惊呼着。往常冬天要是见到雪都觉得它是美丽的雪，像柳絮一般，芦花一般，蒲公英的种子一般，可现在见到雪可不是什么好兆头。

Z 星人说："寒冰星每半年就会进入一次低温期，在这个时期内，每天晚上都会下雪且温度极低！我们得赶紧找一个落脚的地方，要不然今晚很难熬过去。"

小希搓了搓手，赞同地点点头，她已经感觉手脚麻木。忽然，又一阵寒风吹来，她快受不了了。

双腿瑟瑟发抖的小希一个没站稳摔在地上。

"没事吧？" Z 星人赶忙跑过去把小希扶起来。

"没事，就是太冷了没站稳。"小希哆嗦着说。

"我来背你走吧！嘶——" Z 小星想要背起小希，却不小心拉扯到自己受伤的触手。

"没关系的，我可以坚持，现在我们急需找到避风的地方安顿下来！不能在外面露宿！"小希咬着嘴唇，坚持不要 Z 小星扶着。进光洞时，衣服上沾了一些水，现在整个衣服外都已经结冰了。小希将自己衣服上的冰碴儿拍掉，继续前行。

到处破败不堪，哪里还有舒适的房屋可供他们休息呢？寒夜的路变得十分漫长，小希感觉好像怎么也走不到尽头。

"滴，发现建筑物，发现建筑物。"M 机器人突然叫了起来。虽然电子音配上狂风吹过 M 机器人身体的呼呼声奇怪极了，但对于大家来说，这真是一个再好不过的消息。

大家跟着 M 机器人指引的方向看去，隐隐约约地看到一个轮廓，好像是一座房子。他们加快了脚步，快了！就快到了！

本以为找到一座舒适温暖的大房子，可谁承想，眼前是一处破旧的小木屋。看来曾经有人居住在这里，但显然是很久之前的事情了。

推开木屋的小门，嘎吱嘎吱的声音显得格外刺耳。M 机器人打开身上的外照灯进入小木屋。木屋里面的景象让所有人都心凉了，原本燃起希望的火苗瞬间被一股寒风吹灭。这里面空无一物，四面透风。

"眼下也没有更好的选择了，我们就在这里过夜吧！"小希放下手里的东西。

M 机器人在空荡的房间里四处游走，不断巡视着周边的情况。

"外面雪开始变大了，我们要赶紧想办法。" Z 小星找到一块石头，堵住房间最大的一个漏洞，担忧地说。

"这屋子里什么也没有，而且墙壁还有些漏洞，这屋里和外面的温度几乎没有什么差别，我们在这里就等同于站在一个冰洞里。" 小希说着摸了摸墙壁，蚀骨般的凉意顺着指尖就传到了她的后背，整个人打了个寒战。

"我们得生火，有了火就可以温暖起来了，我们就能熬过这漫长的夜晚了。" Z 小星说道。

"对，我们先把火生起来。" 小希在墙角没风的地方休息片刻，感觉舒服了一点，便立刻开始想办法。时至今日，小希遇到困难的第一反应已经不是惧怕和恐惧，而是冷静地思考解决办法。她安排道："M 机器人去找大块的木头，Z 小星去找一些石块，用来围住火堆，避免火烧到外面。我去找一些干燥的小树枝和树叶。"

说着大家就动了起来，很快，三人就把木头、石块、树枝拿进了小屋。Z 小星用石块围成了一个圈，把木块堆积在一起，小的树枝和树叶铺在上面。

"我们还缺少了一个重要的东西，那就是引燃物，这些树叶树枝还算干燥，可是要燃起来需要一些小木屑。"小希发愁道。

只见Z小星拿起一块木头，用没有受伤的触手瞬间划下很多木屑。

"哇！Z小星，你的触手这么尖利啊！平时没有看到它这么锋利啊！"

"我的每根触手都有不同的能力，比如受伤的第二根触手就是最有力量的触手。第四根触手能根据需要进行不同形态的变化。想要木屑，我就用力抓它，就能划出来了。"

"太神奇了吧！我居然之前都不知道。"小希好奇地说。

"现在你不就知道了吗，我的朋友！"Z小星笑着说，能得到朋友的认可，她感到十分开心。

"那你别的触手还能干什么？"

"有的进行物质的传输，有的实现能量交换，还有两只能够连在一起能发电产生微弱的电火花……"

"停！你说什么？电火花？"小希好像听到了胜利的号角般兴奋。

"对啊，怎么了。"Z小星看着小希。

"我们可以用电火花来点火啊！这不是更快捷了吗？"

大家都在一旁屏息凝神盯着木屑，寒冷让他们每个人都变得紧张起来。Z小星把两根触手插进木屑中，因为寒冷，触手在不停地颤抖。呲啦呲啦的声音从木屑中传来，可是见不到木屑燃烧。外面寒风呼啸，与屋内火花的声音交织在一起。焦急的心情使得每个人眼里都燃起了火苗，恨不得用炙热的目光为Z小星助力。

　　突然，一缕青烟冒了出来。小希赶紧凑近木屑轻轻地吹着气。一丝火苗从木屑中冒起来，这一丝火苗就足以温暖所有人的心。它摇曳地燃烧着，越燃越猛，越烧越旺，整个屋子被篝火温暖，大家即将被冻僵的身体也暖和起来。

　　三个人围坐在篝火旁，感受着火焰带来的美好和幸福。突然"咕噜噜"的声音打破房里的沉静，小希捂着自己的肚子不好意思地说："我好像有点饿了。"

　　Z小星猛地一下站了起来，一不小心碰到了燃烧的树枝，火星四溅，她手忙脚乱地想把树枝放好，却差点摔个大马趴。

　　"Z小星，小心一点，你的触手还没有恢复呢。"小希关切地说道。

　　"没事……小希……你在这等着，我出去找一找食物。"Z小星起身说道。

　　"我也一起吧！"小希说。

"不，不用了，我自己可以了。" Z 小星将斗篷脱给小希，希望小希能够快速恢复体力，自己则急忙跑出门外，连门都忘记关了。

小希关上房门，防止寒风刮进来。

小希并不知道，门外，Z 星人翘起一根章鱼须绕动着自己头顶的触角，身上的颜色一会儿红、一会儿绿……上一次做出这个动作时，她正作为机密人员中的一个，参与首领的绝密会议，准备制订出一个严谨的"逃往地球"计划。她原以为这个伟大的计划可以拯救 Z 星球上的所有人，刚想高呼"首领万岁"，却听到首领说这个计划必须严格保密，决不能让房间外的任何一个 Z 星球人知道。后来才她知道，在必要时刻，首领牺牲了 Z 星球，带着家人独自逃到地球去。他是个懦夫！我们的首领是个懦夫！Z 小星的眼睛开始泛红，她已经不再臣服于这个懦夫，但她却不知道如何面对与小希的这份纯真友谊。夹杂着欺骗和愧疚的友谊是自己想要的吗？Z 小星默默地问自己。

过了许久，Z 小星抱着一堆蘑菇，推开门走了进来。"寒冰星的环境恶劣，能吃的东西比较少，只能找到这些蘑菇，小希你看看喜不喜欢？"

小希看了看 Z 小星手中的蘑菇，说："我们用房间里这些细长的树枝把它们穿起来，放在火上，嗯，烤蘑菇，感觉会很美味呢！"

小希一手拿着树枝，一手握着蘑菇，小心翼翼地穿了起来。

Z 小星伸出的两只章鱼须，缠绕在树枝上，举到火的上方烤起来。

"小希，你们有没有觉得手上热热的？" Z 小星忽然问。

"没有呀，啊！ Z 小星，你的章鱼须都被火烤红了，快收回来。"小希惊叹。

Z 小星这才收回了两只章鱼须。

"哔——哔——吱——！" M 机器人进入自动书写模式，"Z 星人无法对外界环境刺激及时做出相应反应……"

"这是什么意思？" Z 小星问小希。

小希露出了一脸的尴尬："嗯……这个……"

"地球人能在大脑思考之前就把烫到的手缩回，是因为人类天生就能够对某些环境刺激做出反应……"就在小希觉得尴尬之时，M 机器人抢先回答。

"M，好像你的太阳能板要掉下来了。"小希急忙找个其他的话题避免尴尬。

"哔——哔——检测！检测太阳能板功能。" M 机器人忙碌起来。

Z 小星感激地看着小希："其实，我还真的对地球上的信息很感兴趣呢，你可以给我多介绍一下吗？"

小希听后直了直身板，自豪地开启了自己的小学霸模式："非常愿意！嗯，从哪开始说起呢……"

　　"地球是由几颗星体组成的啊？"

　　小希捂着嘴巴笑了："地球跟Z星不同，只有一颗星球，就是地球，地球通过自身的旋转产生昼夜。通过斜着身子围绕太阳公转产生四季交替。"

　　"并未检测到太阳能板脱落。"M机器人的检测完毕，"小希，我的太阳能板并没有异常，我觉得你可能需要进行视力检测，也许你已经近视了。""什么是四季交替？"Z小星还沉浸在小希的地球介绍当中。

　　"哔——哔——问答四季交替。"M机器人又开始了，小希想去阻止已经来不及了，只能由它说完。"太阳直射以赤道为中心，由于地球是倾斜着绕太阳旋转的，才使得以南北回归线为界限南北扫动，每年一次，循环不断，从而形成了地球上一年四季，顺序交替的现象。回答完毕！"

　　Z小星听得认真极了。

　　"Z小星，你猜一猜，四季之中，哪个季节的影子最长呢？"小希笑着问道。

　　Z小星伸出一只章鱼须比划着："让我猜猜，影子，应该是夏天短、冬季长、秋季春季居中。"

小希伸出大拇指："你如果在我们班肯定会被老师表扬有自主探究意识。"

Z 小星的章鱼须上下舞动着，应该是很开心。

小希见 Z 小星的样子有些歉意说："别高兴得太早呀，你这样说不准确。"

Z 小星舞动的章鱼须瞬间都垂落下来，软绵绵的。

"其实应该说一年中，每天正午时，影子长度是夏天短、冬季长、秋季春季居中，这样更严谨一些。" 小希解释道。

"为什么是正午？" Z 小星忍不住问道。

"哔——哔——那是因为一年中地球各地的日影长度会随着季节变化而变化，这种变化主要是体现在正午这个时间日影的长短，它与当地的正午太阳高度角有直接关系——正午太阳高度越高，日影越短。正午太阳高度越小，日影越长。"M 机器人抢着回答道。

Z 小星说："原来地球这么神奇，真希望有一天可以去看一看。"

"严格来说，你的……哔——，进入待机模式。"M 机器人的话还没说完，就被小希按动了待机模式的按钮。

"为了省电！"小希解释道。

"它确实很爱说话。" Z 小星笑着说。

"哈哈哈……是的！" 小希也笑了。

美味的蘑菇烤好了，Z 小星将烤好的蘑菇递给小希。

小希接过蘑菇，回忆起地球的日子。在地球，小希很挑食，不是很喜欢吃蘑菇。可是今晚，她却觉得这个蘑菇美味极了，大概是因为蘑菇里有 Z 小星的关心和爱护吧，看着 Z 小星认真咀嚼的样子和第一次吃蘑菇的尴尬表情，小希笑了："你知道吗？蘑菇也是一种微生物。"

"噗"的一声，Z 小星吐出了嘴巴里的所有蘑菇，"这么大的生物怎么还能称作'微'生物！"

"不！不！每一颗蘑菇都是由微生物组成的，不过蘑菇也是要好好挑选的，因为有些蘑菇是带毒素的，不过这些蘑菇 M 机器人已经检测过，应该没有问题了。"

"原来如此。" Z 小星松了口气，她看着认真烤蘑菇的小希，在心中默默做了一个决定。过了今晚，过了今晚她就坦白一切，在今晚再让她感受一下被保护和认同的感觉吧……真温暖！

3

"天亮了！风也停了！天气暖和多了！"小希伸出手，探出屋门外，感受了一番后，开心地说。

"可以赶路了！"Z小星惊喜地说。

"那我们收拾收拾出发吧，我也口渴了。"小希找到一个锯齿形的小板，利用这仅有的工具打理了一下衣服和头发，希望以更好的面貌迎接新的一天。

"我记得屋旁就有小河。"小希觉得有些口渴，就走出房门，跑向小河。咦？如此寒冷，小河竟然没有结冰！她捧起水刚要喝，就听到一边的Z小星大声喊道："等一下，现在不能喝！"

"怎么了？为什么不能喝？"小希疑惑地说。

Z小星走了过来，担心地说道："这条河流看起来清澈无比，好像一条透明的丝带，可是这样并不代表它适合你们地球人饮用。你想想，昨夜寒风暴雪，河面上怎么可能连块冰都没有呢？"

小希听后，挠了挠头，有些不好意思。她感觉自己现在越来越信任Z小星了，但也因此少了一些细心和判断力。小希让M机器人对水质进行了检测。机器人胸前显示屏出现跳动的字符。一会儿结果就出来了：水中含有大量微生物，达不到饮用级别，不能饮用。

"不能饮用！"小希捂住嘴巴，吓出一身冷汗。这可不是在爸爸妈妈身旁，在这恶劣的环境中，每一种病都会危及生命安全。

"一定还会有其他水源的。"小希在岸边一边踱着步，一边飞快地转动脑筋，学霸的影子再次出现在小希身上。

有了！小希看着天越来越亮，突然精神一振，像开窍了一样沿着岸边跑去。

河绕着一座小山转了一个弯，这里一点积雪也没有，大家也觉得更加温暖了。

"M机器人，你快来看看，这个水应该可以饮用！"小希激动地叫喊。只见小希的手指指向一片特别大的彩色叶子，叶子像一个大盆一样，里面有着晶莹剔透的露水。"这是露水，是夜晚或清晨近地面的水气遇冷凝华成小冰晶然后再融化于物体上的水珠。亏得这里的天气不停地变化才让露水形成聚集在这里。"小希一边说一边观察四周的环境，不断在脑中进行记录和分析。

M机器人的显示屏不断分析着，感觉自己的呼吸随着屏幕上的字符一起跳动："水质清洁，达到饮用级别，可以直饮。"

"耶！"小希开心地跳了起来，她轻轻地摘下一片树叶，甘甜纯

110

净的水流入口中，滑过干巴巴的舌头，浸入喉咙，沁人心脾。

小希将多余的水装入备用水壶，信心满满地朝着前方继续前进。"Z小星，真是太感谢你了！能在Z星遇见你真是我最开心的事，如果不是你的话，我可能都没有办法离开炎炽星。"

"如果没有我，你可能会快乐很多……"Z小星注视着小希，眼里满满都是不舍。

说出来吧，Z小星。说出来一切就结束了，否则你也无法原谅自己。对呀！谁又会愿意接受这样沾满欺骗的友谊呢？

"说什么呢，Z小星，你是不是昨天晚上冻着了，今天一起来就怪怪的。"小希放下水壶，摸了摸Z小星的额头。Z小星今早一起来就一直蔫蔫的，这让她很担心。

Z星人低下了头，说："小希我没事，我只是，我只是要和你们坦白一件事……"

"什么事？你说吧。"小希说。

"你们可以不生我的气吗？"

"不生气，你说吧！"小希严肃地说。

"其实，在你们来Z星球的路上，我就已经知道首领要抢你们的飞船了。我原本可以阻止的。"Z小星说。

"这是什么意思？"小希感到十分惊诧，"你不是接我们的向导吗？"

"首领要逃往地球的计划，我也是参与者，在机密会议中，我原本想阻止首领这样去做，可是我没敢……"

"你……！"小希深吸一口气。

Z小星缩回去的脑袋又往外伸了伸，颜色一会儿蓝一会儿黄的："首领命令我们向地球发出信号，我们就发了好多好多，没想到只有你们几个接收到了信号。"

小希闭上了眼睛，手指深深地掐入掌心。

"在你们从地球来Z星球的路上，我始终能从大屏幕里看到你们的飞船，我也有很多机会可以给你们再发信号，提醒你们不要来Z星球，赶紧回到地球去。可是，我一直都没敢。"Z小星说着说着，竟要呜咽起来。

"我知道你们肯定很生气，呜呜……"豆大的泪珠从Z小星的眼角滑落，"我们还说首领是懦夫，其实我也是，我是一个不敢反抗的胆小鬼。是因为我，才让你们现在面临生命危险的。"

Z小星的泪珠还在触角的尖儿上垂着，随时都要滴落下来，她扭过脸问小希："小希，你是不是也不想和我这样的人做朋友了？"

　　小希感觉自己无法直接回答她的问题。她努力地告诉自己其实 Z 小星也是个善良而又可怜的人，然而从到达 Z 星球以后所经历的所有惊险、危难、分离的痛苦以及面对死亡的恐惧都让她有了一种深深的无力感。她无法说原谅 Z 小星，因为现在思宇和鲁班班还平安未定，但她也无法怨恨 Z 小星，小希深知，如果不是 Z 小星，这一路她早就坚持不下去了。

　　小希的内心乱糟糟的，她不知如何是好，只好带着 M 机器人胡乱前行。先离开吧，小希告诉自己，希望时间能给自己答案。

彩蛋多多

   1. 能量交换

能使电灯亮的电能，蜡烛燃烧的化学能，生物运动的生物能都是能量的存在形式。为了更好地利用能量，我们可以将一种能量转换为另一种能量，方便人类的生活。比如说电灯插电会发光，就是将电能转换为光能；太阳能电池就是把太阳能转换为了电能。

   2. 蘑菇与微生物

地球上的生物按照结构可以分为：动物、植物和微生物。微生物是指很难用肉眼分辨的一切微小生物的统称，虽然微生物的定义是"肉眼难以分辨"，但是有特殊的例子：蘑菇，灵芝也是微生物，但是我们可以看见它们。日常中有很多我们可以吃的蘑菇，比如说金针菇、木耳、松露、香菇等。当然，还有一些蘑菇是有毒的，比如说可以致命的苞脚鹅膏菌、拟稀褶红菇、火焰茸等，引起肚子疼的毛头乳菇等等。现在没有辨别蘑菇有没有毒的确切方法，所以如果没有特别确切的采蘑菇经验，小朋友们最好不要采摘那些不认识的蘑菇吃。

第五章
深海巨怪

在海水分离氢能量为主要驱动力、风能辅助的共同作用下，经过几个昼夜的航行，"水母号"依然没有发现这片粉红色海域的边界。

"海里有什么不对劲的地方！"思宇紧张地趴在船边盯着水面，"怎么我们船附近的鱼少了很多，好多大型的鱼都朝着与我们相反的方向游去呢？"

他抬头看向船前进的远方，向鲁班班喊道："鲁班班，赶快探测前方海域有什么情况发生！"

鲁班班听到思宇的叫喊，赶紧取消自动航行模式，打开雷达扫描系统、声呐探测系统，这时仪表盘出现了一块快速闪动的红色区域，同时伴随着急促的"滴滴滴"的报警声。"前方六十五海里处有一片直径大约十海里的巨大圆形漩涡，而且直径还在扩张中，我们要加速驶离这片海域，不要被卷入漩涡！"

鲁班班一边喊着一边快速地在控制台上操作着。思宇迅速撤回船舱中心，对艾米说道："赶紧收拾船舱，固定舱中物资，我们要收帆、启动船舱外罩，全速行驶了！"说完就进入驾驶舱协助鲁班班操控"水母号"。

鲁班班观察漩涡范围并操控行驶方向，余光不时瞥向思宇，显然有些担心这个孩子在这样危机的时刻会不会慌了阵脚，不但不能帮忙甚至可能操作失误添加更多麻烦。出乎意料的是这个平时看起来有些急躁、有些顽皮的男孩在这个危急时刻竟能沉静下来，一丝不苟地操作着：只见他手指不断地在触摸屏上灵动的跳跃，启动由滑轮组、轮轴、杠杆等原理设计的船帆升降系统，收帆、降帆、收桅杆，然后开启抗压密闭罩系统。做好这些后不忘迅速跑出去，把已经固定好船舱物资的艾米拉回驾驶舱。

操纵室里安静极了，只有两人敲击按键和电子指令的声音。但艾米似乎还是能感受到思宇和鲁班班汗湿的后背，它急躁地飞到船舱窗口，对脑海里的路线再三比对。

"滴滴滴……"的报警声不断加快，快速闪动的红色区域也在逐渐扩大。鲁班班双手齐下，眼睛不断地在数据分析屏和操作台上移动，额头的冷汗还是越来越多，并不时地滴落在操控台上。

"我们'水母号'已经启动所有动力能源，速度也达到了最大，我时刻根据漩涡的扩张方向和速度改变我们的行驶方向！"鲁班班像是在跟身边的两个伙伴汇报情况，也像是在自言自语。"不知道这个巨型漩涡的形成原因是什么，它的扩张速度非常快，看起来像是一个要吞下整个海洋的巨兽。"鲁班班继续说着。

突然，报警器发出一阵没有间歇的"滴……"声，仪表盘的指针剧烈地摇摆起来，船身开始不自主地起伏着，三人不约而同地看向船前方抗压罩的外面。如果说漩涡是一个巨兽张开的漆黑大嘴，那么"水母号"现在就在巨兽的嘴边，这里因为巨大吸力产生的气流、水流的压力迫使周围的一切都不由自主地滑向漆黑的漩涡……

"大家进入舱壁固定袋，固定好自己，不要跌伤，还好我们的'水母号'有很强的抗压能力，我们就去看看这个怪兽是什么……"随着鲁班班的叫声、不间断的"滴……"报警声，大家感觉天旋地转，一片漆黑，"水母号"彻底被吸进了漩涡深处！

2

"鲁班班、思宇，你们醒醒，醒醒……"

思宇在漆黑的晕眩中听到了一声声着急的叫喊，好像是艾米的声音。思宇皱着眉头晃了晃沉轰轰的脑袋，眼睛慢慢睁开了。船舱外漆黑一片。"快打开深海探照灯！"思宇催促着艾米。

艾米点击控制按钮，"水母号"瞬间化身为一只大型的"夜光水母"，前后左右同时打出八道光束……

"这是哪里？"耳边响起了鲁班班略带嘶哑的惊讶声。在"水母号"灯光的照耀下，只见外面是一片黑色的海域，"水母号"潜在这片水域中像是黑色汁液中的乳白透明的卵。

"你们晕过去好久啊，我虽然不会晕眩，但是在漩涡里还是受到了剧烈变化磁场的干扰，所有接收信号的能力都丧失了，所以我也失去知觉了，但是进入这片稳定地带后我就醒过来了，我们已经随着这个水流向前行驶了三个小时了。这里跟刚才的粉色海域好像有很大不同！"艾米闭上眼睛，努力地伸出触角，感受了一番周围的信号说道。

鲁班班和思宇手脚并用地从固定袋里出来。思宇急切地走到驾驶舱前的透明罩前观察，鲁班班则走到操控台前，查看数据屏，并开启定位系统观察周围环境。

原来"水母号"现在是以潜水艇模式潜在水下六千米左右的一片海域中，但在探测结果中这片海域并没有六千米的深度，这是什么情况？

鲁班班看着数据分析说道："这片海域的含氧量比粉色海域的含氧量要低12%，这个深度的水温和粉色海域表面的温度差不多，不应该啊！""这是怎么回事？"思宇忙问道。"不清楚，我们上浮一段高度看看吧。就设定一千米吧，速度慢一些。"鲁班班边说着边进行了"水母号"潜水模式的上浮操作。

"水母号"慢慢地上升着，大家都静静地观察着周围的一切。

突然，报警设备发出了"嘟嘟"声，鲁班班赶紧查看仪表盘，并停止了上升模式，改成静止悬浮模式。原来在离"水母号"顶部不足二十米的高度有一层透明屏障。由于惯性作用，虽然及时改变了模式，"水母号"完全停止上升时也已经离透明屏障不足五米了。真是惊险啊！

"啊，快看，那些是星星吗？那颗是我的家乡吗？"惊险的情绪还没缓过来，艾米激动地叫声就响起了。思宇和鲁班班齐齐望向艾米指着的方向。他们再次被震惊了，从这里向悠远的前方望去竟然能看到屏障外是载着星辰的浩瀚宇宙！

电子屏幕中此时也显示出了星球的全貌：原来深海星并非全是粉色水域，在星球图像中，可以看到深海星一侧是粉色的圆弧形水域，另一侧是更大一些的黑色水域。

"粉色的水域应该就是我们之前所在的位置，那个黑色的应该是我们现在所处的位置。"鲁班班托着下巴分析道。"但为什么两个水域会完全被分割来？我们刚刚经历的漩涡应该是……"

"星球屏障！"不等思宇说完，艾米就喊了出来，"当星球污染到达一定程度后，除去花费大量金钱和精力去修复星球生态外，还可以建立一道星球屏障。如果没有猜错的话，黑色水域就是深海星已经被破坏的水域。"

"艾米！你居然懂这么多，太厉害了！"思宇惊叹道。

"我也不知道为什么？"艾米摇了摇头，困惑地说，"自从我接收到路线信号后，很多知识好像突然出现在了我的脑海中。"

"这可能就是 Q 弹软糯星的宝贵知识库吧，你的家人们分享给了你。"鲁班班认真地说道，虽然平常有些脾气暴躁，但面对知识，鲁班班的态度极为认真。

"或许是吧。"艾米四处观察着海底的环境，疑惑地扭了扭头顶的信号触手。鲁班班总觉得哪里不对劲，深海星那么贫瘠，真的有环境污染的问题吗？

"我们还是赶快出发吧！"鲁班班看着思宇和艾米严肃地说。"现在 Z 星的副星越来越不稳定了，星球通道随时可能会断裂，有的已经断裂了，我们要抓紧时间回到主星球才行！"

"嗯，我们立刻出发吧！"艾米张开四肢，紧紧地扒在思宇的头上，大声叫道。

"好，思宇，你照顾好艾米，我来确定航向及航速。"鲁班班一边说着一边在操控台上快速地敲击着触摸屏。

"水母号"又慢慢启航了！

突然，思宇大叫："快看，那个红球是什么，正冲着我们飞来？"

只见漆黑模糊的空间冲过来一个燃烧着的火球，越来越近，每个人都觉得火球好像直冲进每个人的眼里。

"抓好，走！""水母号"瞬间飞出去很远，船舱里的人狠狠地撞在了舱壁上，还没等三个人缓过来，一股巨大的力量从水中震荡起来。如果这时有人从屏障外看"水母号"，"水母号"就像是沸腾的锅中的一粒米，随着沸水不断翻腾。

幸好"水母号"这粒米有很好的抗压能力，又比一般的金属材质的潜水艇要强很多，还有很强的动力源，所以可以在很短时间内加速冲出沸腾的中心区域，逃出了火海！

思宇拍着胸口后怕地说："Z 星现在可真是内忧外患！"

鲁班班说道："刚才应该是一颗 Z 星的小陨石，因为 Z 星各星球相互间的作用力减小，打破了小陨石原来的运行轨迹，小陨石砸向星与星间的空间通道。本来这个通道就不稳定了，现在它会加快断裂的，我们更要加速前进了！"说着，只见"水母号"如一道白光在黑色的海域中一闪而过。而飞船身后的海域则迅速陷入黑暗。

坐在飞速前进的"水母号"中的三人不约而同地相互看了看自己的伙伴，都默默地吐出一口长气，还好，有惊无险地过去了！但在前方，谁又知道其中还有什么惊险的事情等待着他们呢？

3

思宇、鲁班班和艾米感觉自己好像进入了一个沉闷的黑色世界。进入潜水艇模式的"水母号"如同被一只巨型乌贼喷出的墨水所包围，视线所及之处全部是让人恐惧、甚至绝望的黑色。

思宇说："来探测一下，这里的水为什么会这么黑？"

仪表盘显示："这里的海水含中有大量的腐殖质，含氧量低，水中活体生物数量少，有大量的生物尸体。"

鲁班班看着仪表盘上的数据脸色难看地补充道："这片海域的含氧量比粉色水域的含氧量低，水质富营养化，污染严重，生物大多因缺氧而死亡，船体附件出现了一些厌氧生物。"

"周围随时可能会有危险出现，咱们不能掉以……"鲁班班话还没说完，危险已经近在眼前了。

黑色海洋中的"水母号"似乎不再是一艘先进又结实的潜水艇，而是一只真正的、柔软的、脆弱的水母，海洋深处传来的一阵阵巨大波动令它头晕目眩，无处可逃。周围海水的温度瞬时升高，好像要把"水母号"熔化。三个小伙伴随着一阵阵巨波摇晃起来。几乎同时，"水母号"下方的海底被撕开了一条裂口，使原本就诡异的黑色海洋中又增加了一条令所有生物窒息的深渊。由于海底深渊的出现，周围的海水急速向深渊中涌来，就像一只无边的大手要把"水母号"按入其中，要让它永远不见天日。

"这是怎么回事？我们怎么办？"思宇用力抓紧控制舱座位上的安全带，努力让自己清醒一些，他的手还不忘伸向控制板，随时准备执行鲁班班的指令。

"我猜我们是遇上海底火山喷发和海底地震了。来不及跟你解释了，快，改变方向离开这个区域，全速前进！"鲁班班的语速比之前都快，再沉着冷静的博士遇到如此的危机也紧张极了。

经过这一路星际探险的考验，思宇已经练就了快速执行任务的本领，他以最快的速度将"水母号"调转方向，并调至航行的最大速度，驾驶"水母号"全力冲出这片危机之地。

突然，"水母号"受到了更加猛烈的撞击。像闷雷似的"咚"的一声，令所有人瞪大了双眼。

深海巨兽！

放眼望去，这种深海巨兽像是一只只海底霸王龙，但它们的体长大概是霸王龙的二十倍，比"水母号"大很多。和庞大的身躯相比，它的脑袋算不上大，但凶狠的三角形眼睛和外露的锋利的牙齿令人毛骨悚然。血盆大口的两边各有两根电鳗般的胡须，只要有生物靠近便会发出强电流。它的背上有两排坚硬而突出的菱形鳞片，每个鳞片约有一个成年人那么高，在漆黑的海水中闪烁着冷酷的光。身后九条粗壮的尾巴就像九条巨蟒，每一条尾巴的甩动都能给"水母号"带来致命的打击。不仅如此，它还长有一对翅膀，展开后和身体同样长，正是因为翅膀的存在，使得它在水中的前进速度极快。

"太可怕了，这就是海底世界的真实模样吗？"思宇咽了咽口水，艰难地说道。"它们怎么和我们前进的方向一样？能不能甩开它们。"

"我尝试过，不能，我想是这样的。海底火山喷发的岩浆升高了海水温度，地震使地下岩石突然断裂而发生的急剧运动，撕裂了海底，这突如其来的灾难改变了它们的生存环境，所以它们和我们一样，也是逃亡者。"鲁班班回答思宇。

"还好地球上没有这么可怕的生物。"思宇将自己的身子在椅子上缩成一团，只希望怪物可以忽视掉自己。

"地球生物？"鲁班班似乎想起了什么，他皱了皱眉，沉思了半天，突然说道，"我应该采集一些样本带回地球！这些生物的生存样本一定会对恢复地球海域有作用。这样我的研究就可以继续下去了！"

"不行！这里太危险！"思宇瞪大双眼，大声说道。

"没关系，你好好在船上待着！"鲁班班拿出潜水服，喷上可以隐藏气味的喷雾，先进入隔离舱，按动弹出按钮，把自己弹射到海水中。

"你！"思宇看着鲁班班游出飞船的身影又气又急。现在可不是瞎闹的时候，虽然他心中也对海底充满好奇，但小希还没有找到，好多使命还没有完成……唉，虽然如此，思宇还是决定随鲁班班出仓，两个人会更安全些。

鲁班班已经离怪物们越来越近了。在使用了喷雾后，鲁班班在海怪眼中就像是一块没有生命力的石头，他小心地躲过海怪摆动的尾巴，向怪物的头部靠近。

"小心！"鲁班班被推到了一边，他回过头一看，深吸一口凉气。原来在他躲一块大石头时，一条巨大的怪物已经缓缓游来。那是一只怎样的怪物呀！它不需要刻意的进食，只需要张开大嘴，源源不断的动物包括海水就被吞了进去。

"快去采集样本呀！"思宇推了推看傻了的鲁班班焦急地说道。

"好兄弟，你怎么也下来了？！"鲁班班高兴地说。

"还不是怕你被吞了？那就没人驾驶飞船了。"思宇没好气地说。

"你的样本采得怎么样了？"

"快结束了！"鲁班班小心翼翼地将一只海怪掉落的鳞片放进真空箱内。海怪锋利的翅膀擦着鲁班班小腿滑过。

"呀！"鲁班班叫了一声。

"怎么了！"思宇焦急地问道。

"没事，好像被它划了一道口子，我们先回船上！"

"好！快点！"

二人缓缓游回到"水母号"内，此时，鲁班班的小腿缓缓有血迹渗出。而呆滞的大海怪仿佛也闻到了什么一般，本来无神的目光聚焦到了"水母号"上。

二人刚回到船舱，还没来得及脱下潜水服，控制室中就响起了安全警报声。

"不好了，前方有危险！"艾米焦急地说道。

透过显示屏，思宇看到无数的海怪异常地躁动："不好，刚刚那条大海怪突然到我们前面了，刹不住了！"

尽管鲁班班不停地按着减速按钮，但现在让"水母号"停下已经是不可能的了。

"快发射武器！"鲁班班和思宇几乎同时按下了武器发射按钮，

但这种攻击根本无法对大海怪造成伤害。

眼看"水母号"就要被巨大、坚硬的海怪撞得粉碎！鲁班班急中生智："思宇，艾米，你们两个坐稳了！"话音刚落，"轰隆"一声，一个救生舱包裹着思宇和艾米弹出了"水母号"。

救生舱迅速朝向海面上升，成功地避开了飞奔而来的怪兽。而鲁班班驾驶的"水母号"则无可选择地朝海怪冲去！

"鲁班班！"思宇和艾米齐声喊，"博士哥哥！"可是他们的伙伴已经听不到了。

"砰"救生舱撞上了一块大礁石，思宇感觉脑袋一阵晕眩，失去了知觉。

4

海底火山的突然爆发，使深海中的巨兽受到了惊吓，逃命的本能促使它们在深海中飞速前进。而鲁班班的血腥味又让饥肠辘辘的深海巨兽感觉有什么好吃的，所以视力不好的它就张开大嘴等着美味进入肚子里。

载着鲁班班的"水母号"被一只大海怪一下子吸进了嘴巴。鲁班班眼睁睁看着自己乘坐的"水母号"从海怪锋利的牙齿边划过，幸亏船舱外罩使用的纳米材料极其坚固，不然现在已经变成碎片了。

在海怪嘴巴的尽头，"水母号"坠入了"悬崖"，那里是它的喉咙，连接着海怪的食管。下坠的过程中，鲁班班感觉到了温度的不断上升，他口干舌燥，不断用手背擦拭着额头的汗水。

"水母号"的温度测量仪显示外界温度已经达到 95 摄氏度，没想到海怪体内的温度竟然这么高，鲁班班盯着温度测量仪想要看一看这其中的温度最高能达到多少摄氏度，但指针在指向 100 摄氏度的瞬间突然剧烈地晃动起来，然后回到了零摄氏度。鲁班班有种不祥的预感，再看控制室内的操作屏，果然，所有指针都回到了原点，仪器全部失灵。

"咚！""水母号"终于停止了下坠，停在了海怪的胃里。这是个红褐色的空间，四周布满了密密麻麻、又粗又矮的钝刺。远处还残存着几架像是鱼类骨架的东西没有被这阴森的胃所完全消化。鲁班班被困在了这里，既无法前进，也不能后退。

这红褐色的大口袋不时地收缩、舒张，"水母号"一会儿被挤到惨白的鱼骨旁，一会儿被挤向密密麻麻的钝刺，弄得鲁班班头晕目眩。他知道，这是海怪的胃通过挤压在消化食物，如果不尽快离开这里，自己的下场就会像那具白骨一样。

正在鲁班班心烦意乱的时候，四周密密麻麻的钝刺突然向"水母号"喷射出绿色的黏液，刚才还浮现于眼前的残存鱼骨在绿色液体的腐蚀中慢慢消失，化作了褐色的液体。鲁班班打一个激灵，冒出一身冷汗。虽然知道造船的纳米材料具有极高的抗腐蚀性，但海怪胃酸的强腐蚀度仍然令鲁班班深感不安。"一定要想办法逃出去！"他对自己说。

鲁班班判断，这片区域内存在着一个很强的磁场，强磁场的干扰使得"水母号"的控制系统全部失灵，并切断了与外界联系的可能。控制台已经没有办法操作，那还有什么能量是可以利用的呢？

有了！鲁班班想到了"水母号"中的能源舱，这其中有之前就储存好的足够的用海水分离的液态氢和液态氧，应该能派上用场。想到这，鲁班班朝能源舱走去。

氢氧燃烧产生的能量可以转换为热能和电能。鲁班班先将热能传到"水母号"表面，提高表面温度，试图通过高温引起海怪的不适反应，进而寻找逃离海怪身体的办法。

可等了半天，海怪的胃除了不时产生挤压和喷出绿色液体，并没有其他异常表现。鲁班班想到了飞速晃动的温度测量仪表，也许海怪体内本身的温度就很高，热能对它来说并不能产生刺激。

　　看来只能换一种方法。

　　鲁班班决定向海怪的胃壁发出电击。不知道过去了多久，除了数量不断增多的胃部蠕动挤压和生命舱外壁上越积越厚的绿色黏液。海怪丝毫没有反应，它好像并没有发现自己的肚子里多出了一个外太空生物。看来这种方法也行不通，鲁班班自言自语："难道是因为海怪体内的水分含量很高，与整个海洋融为一体，再强的电流电击到它都像是闪电劈到大地，不会产生一丝反应？"

　　只剩下最后一个办法了，鲁班班想。利用生命舱中的大量导线圈，由电生磁，产生强大磁场，破坏了怪兽体内原有磁场，造成怪兽体内的功能紊乱，使它的肠道蠕动加快，到时候，"水母号"就可以顺着海怪的肠道被排出体外。

　　正如鲁班班设想的那样，当电流产生的能量产生强大的磁场时，怪兽的胃部开始猛烈地抖动，"水母号"被吸入了海怪的肠道，鲁班班甚至还来不及仔细观察自己身处何方，突然感到一阵强有力的气体将自己连同"水母号"喷射了出去……

彩蛋多多

1. 雷达扫描系统

人类走路的时候通过眼睛来判断哪里有东西，哪里有路可以不被撞到。蝙蝠在空中飞行的时候，它们的喉咙会发出一种特殊的声音，如果前面有东西时，声音会返回来被蝙蝠接收到。雷达扫描系统跟蝙蝠的"回声辨位"是类似的，雷达系统会向外面发出很多电波，电波遇到物体会返回来，告诉雷达前面有东西，因此，雷达扫描系统可以在深海很大的范围内知道哪里有障碍物，哪里有敌人。雷达扫描系统可以用在深海，也可以用在天空，我们可以通过雷达来扫描天上或者深海里面不明的物体，更好地保卫我们自身的安全。

2. 声呐探测系统

声呐探测系统跟蝙蝠的"回声探测"和雷达扫描系统是类似的原理。不同的是，声呐探测系统向外发出的是声波，声波就是一系列特殊的声音，它们的速度比电波要慢，根据物理学上的"多普勒效应"原理，声波探测系统可以利用返回来的声音判断飞船前面是否有物体，它还能判别前面的是潜艇还是鱼群，物体离我们越来越远还是越来越近。在深海里面，雷达扫描系统和声呐探测系统常常一起使用。

3. 舱壁固定袋

在飞船上，有时候飞船进入太空时，由于没有地球引力，船内的物体会在船内漂浮起来，如果所有的东西都没有固定，它们会撞在一起，对于航天员来说会很危险，因为他们睡觉的时候是没有意识的，容易出意外，因此飞船上会设计一个在船舱墙壁上的固定的睡袋，这个袋子可以让宇航员在袋子里安稳地睡觉，不至于一直飘来飘去。同理，在深海里面，船会很不稳，荡来荡去，船舱也会有一个固定的睡袋让船员好好休息，补充睡眠，稳定自己。

4. 悬浮模式

当我们把一块石头放到水里面的时候，石头会下沉。而如果放一块泡沫时，泡沫就会浮在水面上。悬浮是不同于下沉和漂浮的一种状态，它是可以待在水里面，既不上升到水的顶部，又不会下降到水的底部的一种状态。在这里，悬浮模式就是要"水母号"在海里的一个地方保持静止不动的悬浮状态。

5. 腐殖质

在大海深处，由于氧气很少，一些植物或者动物死去之后会被微小的细菌分解为大的有利于土壤的营养物质（有机物），这个过程可能会持续几百几千年，这些物质就是腐殖质。腐殖质对土壤是有好处的，有利于土壤肥力的保持。在生态学系统中，有一个很美丽的关于"鲸落"的传说，当鲸鱼在海洋中死去，它的尸体最终会沉入海底，生物学家赋予这个过程一个名字——鲸落。鲸鱼的残体落到深海底部时，会给大海的泥土提供大量腐殖质的基础原料，并且可以维持一套长达几百年的生态循环系统。

6. 液态氢和液态氧

之前我们提到，氢气是一种很轻气体，作为氢能源，它可以作为很绿色环保的能源给人类供给能量。氧气是供给人类和其他生物不断呼吸的很重要的一种气体。氢气和氧气在正常的情况下都是气体，它们的密度都很小，很不容易携带。科学家们想出了一个办法，就是把它们变成液体，这时一个小小的罐子就可以携带很多很多氢气和氧气了。将气体变为液体的方法主要有两种：一个是不断降低温度，就像水蒸气降温会变成水一样，温度低于沸点之后气体就会变成液体。另一种是不断压缩气体，加压，将气体压缩到成为液体，这种方法需要耐高压的罐子盛放。

第六章
在鹏鸟的背上飞行

　　小希漫无目的地在寒冰星上行走着，她知道在这么恶劣的环境下，自己应该保存体力，去询问 Z 小星走到星球通道入口的最好办法，但她不想这么做，因为她无论如何都不想再和 Z 小星说一句话了。

　　"寒冰星的地貌特征并不明显。如果没有人给我们指路的话，危险系数会直线升高。"M 机器人绕了一大圈，又哐当哐当地跑回小希身边。"就目前的情况来说，和 Z 小星合作是最好的方法。"

　　"我不需要！"小希咬紧牙关，努力地忽视掉肚子的饥饿感，但肚子还是不争气地叫了起来。

　　"这样消耗下去，你的体力是无法坚持到找到星球通道的。人体就是这么娇弱，不像机器人，可以……"

"闭嘴！"

小希被自己的怒吼声吓了一大跳，她张了张口，却又不知道该如何向 M 机器人道歉，便只好跺跺脚继续往前走："不想见到 Z 小星，不知道该怎么面对她！"

"咚"一个黑色的不明物体落在小希前面的大树下。小希凑过去一看，是一堆蘑菇躺在树下。

虽然蘑菇的主人很想隐藏自己，但装蘑菇的布袋子却彰显着主人的身份。这明明就是 Z 小星担心小希饿着肚子又去采的蘑菇，布袋子和 Z 小星斗篷的面料一模一样。

小希看了看四周。她知道，Z 小星一直跟着自己，或许就在不远处的那个草堆里，但她却假装不知道。小希踢了踢积雪，没有拿蘑菇，转身继续前行。

"咚"黑布袋又掉了下来。这次，布袋子更近了，似乎怕小希不喜欢，所有的蘑菇还都被撕成一条一条的，和小希昨晚烤的一模一样。

"我不需要，我不需要！"小希冲着空旷的雪地大声叫着，不知为何，小希感觉自己的眼睛酸涩不已。

这一次，雪地里除了小希吱吱的踩雪声和 M 机器人咣当咣当地走路声，再也没有其他声音了。

突然，天上就开始掉雨点，那雨点很大，大到小希可以清晰地看出是一个一个小水球从天而降。

小希捂着脑袋问："这是怎么回事。" 还没等小希反应过来，她就发现，伴随着雨水降落的，还有一颗颗小冰球。"难道是冰雹？"

"快躲一躲，太危险了。冰雹如果直接砸到人脑袋上可能会出事故的。"M 机器人伸出手臂感受了一下天上掉落的东西，大声说道。

小希跑过了一个小土坡，突然，像发现了什么秘密似的忽然停下脚步。

诶？这小土坡的顶部好像有个山洞。

"M 机器人，快进来，免得外壳被砸伤了！"小希一只手指着小土坡的顶部，一只手放在嘴边弯成个没什么效果的小喇叭，她缩着脖子，仿佛这样就能减轻一些冰雹砸在身上的痛感。

"不能进！"正当小希和机器人准备钻进山洞时，Z 小星突然冲出来大声说。

"走！"小希在洞口犹豫了片刻，还是咬咬牙带着 M 机器人走了进去。

没想到，在她走进去的一瞬间，小土坡开始剧烈晃动起来，洞中有一道悠长的红色光芒，忽闪忽闪的，有些暗淡，却能感觉到是从很深很深的地方照过来的。小希见了很害怕，这洞口像没有底似的，她两手扒着洞口边缘，如同一个失足落井的小孩子。

土坡的震动猛烈起来，小希右手抓握的地方突然滑落，小土块顺着那道红色的光不知掉到多远去了，小希也跟着滑了下去。

"拉住我！"M机器人一只手插进土堆里，一只手抓紧小希。

借助手臂与土堆间的摩擦力，二人不知滑了多长时间，终于到了洞底。

山洞里一片寂静，只有风刮的呼呼声，小希又饿又怕，用手掌根使劲抵住自己的额头，仿佛头脑里有好几股绳索生涩地扭转在一起，不知不觉几滴泪水从眼底滑落，渐渐顺着脸颊连成了一条线。

这种孤立无援的感觉让小希想起了一件往事。那时候小希只有三岁，在丛林游乐园里游玩。她一个人走失在茂密的热带雨林区，灌木的叶子摩肩接踵地挨在一起，比小希高出了一头，挡住了她的视线。那些高耸入云的金鸡纳树如同一个个直立的巨人，它们的影子不停晃动，像是盘旋在上空随时要俯冲下来的秃鹫。小希害怕极了，怎么也找不到爸爸妈妈，也找不到出口和回家的路，她只能向着一个方向奔跑，一直跑、一直跑……

突然，M机器人像是感知到小希的心思，它转动起自己的胳膊，扭动起自己短短的腿，大声地唱道："吱呀吱呀，不要怕，光明总会来临……"

虽然歌声五音不全，但对于此时的小希来说，这个声音动听极了。"扑哧"一声，小希擦了擦眼泪笑出了声。

似乎感觉到有效果，M机器人表演得更有动力了，不仅双倒立，表演起杂技，还把身上的彩灯全部打开，花里胡哨的。小希看了一会儿，缓缓闭上了眼睛，想休息一会儿。她此刻似乎明白了M机器人对自己的意义。

"嘣！"一个小石子砸在小希的头顶，小希抬头一看，发现土堆上有一个黑色的身影在晃动。

"啊！"小希尖叫着，举起还在发光的M机器人向上照去，想看看黑色的身影是什么东西。

"是我呀，小希！"

"Z小星？"小希不可置信地说道吗，"你来干吗？"

"我怕你没东西吃，再说，这个山洞还不知道是什么情况呢，咱们多一个人多一分力。"

"你……"小希就像是被卡住了喉咙，一句话都说不出来。此时的 Z 小星狼狈极了，她的斗篷破破烂烂，被做成一个小布包挎在身上。由于没有工具，Z 小星只好把触手当成锥子，钉在墙壁上缓缓往下挪动，离洞底还有一人高。

"嘶" Z 小星不小心扯到了受伤的触手，疼得吸了口凉气。

"跳下来吧。"小希脱下外套，和 M 机器人将外套撑了起来。"这个高度，有衣服接着没关系的。"

"真的可以吗？" Z 小星惊喜地说。

"嗯，跳下来吧，我们接着你。"小希说道。

"咚！" Z 小星开心地跳了下来，落在小希的外套里。

"这是……"小希看着 Z 小星背上的黑布袋，喃喃地说不出话来。

"这是那些蘑菇，我已经烤好了。虽然没有你的手艺好，但你也要吃一点，毕竟'人是铁，饭是钢，一顿不吃饿得慌'嘛。"

"Z 小星，我们是永远的朋友！"小希突然抱住了 Z 小星，眼泪止不住地往下流。她终于明白了，自己所谓的无法面对 Z 小星不过是不愿意承认自己的错误罢了，因为她盲目相信首领，才造成了今天这个局面。她的心里一直有着深深的愧疚，却不敢直面内心，所以当 Z 小星说出一切时，她才不敢面对。

"真的吗？"Z小星浑身发出粉红色的光芒，八只触手止不住地四处挥舞，她没想到小希还愿意和自己做朋友。

"真的！"小希用力点了一下头。

又休息了一会儿，小希也填饱了肚子。Z小星恢复了体力，借助八只触手，带小希和M机器人爬出山洞。

2

洞外，冰雹已经停了，天仍然阴沉沉的。"你们看这些小土坡，"眼看脱离了危险，Z星人开始介绍起周围的环境，她抬起所有的章鱼爪，向四面八方指去，"它们都是从寒冰星通向其他星球的通道，从那个小土坡下去，是寒冰星的'地中'，那里有虫洞连接着异兽星的'地中'和主星的地中。"

"和我们地球完全不一样呢！"小希惊讶地说，"地球是由地壳、地幔和地核三个圈层组成的，我们人啊、动物啊都是生活在地壳的表面，这个大球里面的地幔、地核都是温度非常高的。"

"啊？是这样吗？我一直以为地球就是一块大石头。"

"地幔中的软流层就是岩浆熔融状态，而且科学家研究发现地核中的外核应该是液体，内核是以铁镍物质为主的固体。'大石头'这个说法也有些道理，我们生存的地壳，就是分为'岩浆岩''沉积岩''变质岩'三种岩石呢！"小希像个小老师似的给 Z 小星讲解起来。

"Z 星球的圈层没有那么复杂，只有两层，我们就叫'地外'和'地中'。原本通往地中的通道应该发出柔和而绚丽的紫色光，但是由于 Z 星球已经开始分裂，现在好多通道中都开始发出红色光。之前有我们的探险家走了红色光的通道，结果没能到目的地，都在半路被烧化了。"Z 小星垂下了头。

小希问："那我们现在就是要找到还完好无损的紫色通道，是吗？"

Z 小星点了点头。

三个人分别行动起来，爬到不同的小土坡上，向洞口里张望，可惜绝大部分的通道都已经变成了红色。

"这儿！快来这儿！"小希忽然大喊，"是紫色的！好漂亮！"

Z 小星赶忙跑过去。

"就是这里！"Z 星人指了指洞口下面，"我们从这跳下去，就能到达其他星球了。这里有标记，表明是到达异兽星。"

"那就去异兽星吧！"

"你确定吗，你不是一直想去主星吗？"Z 小星好奇地问道。

"我有种直觉，在异兽星可以遇见思宇。再说，我们可以通过异兽星到达主星呀。"小希肯定地说道。

"那我们就从这个洞口跳下去，绝对安全！"话音未落，Z 小星嗖的一声跳下去，被紫色的绚丽光束吞没了。小希和 M 机器人也跟着跳了进去，消失在了光幕中。

……

三个人站在软软的地上，身子一晃一晃地左右摆动。

"我们是到了'地中'吗？"小希问。

"嗯，没错，我们已经从寒冰星的地中来到了异兽星的地中。来，跟我往这边走。"

小希和 M 机器人跟着 Z 小星向前走去。一路上，小希惊喜地一蹦一跳："没想到我们来到了星球的地下隧道，不过这里不仅不热，反而很舒爽呢！我感觉自己像是走在果冻上面，哈哈！"小希说着，向上一跳，屁股坠在地面上又被轻盈地弹了起来。

"别光顾着玩呀，我们得赶紧去异兽星球的表面才行。"Z 小星提醒道。

三人发现头顶有一个大大的洞口，小希如井底之蛙一般惊叹这洞口实在是太高了，"难道我们要把自己弹出去吗？"小希问，还不忘又蹦了一下。

"那可出不去。" Z 小星笑着说，她从身后的一个箱子中掏出两套防护衣，递给小希和 M 机器人，"来，穿上。"

这防护衣个头可不小，小希穿上以后变成了一只肥硕的毛毛虫："穿这个干吗？"

"我穿上会不会不美了？" M 机器人犹豫地自言自语。

Z 小星边帮小希穿好防护服，边说："一会儿会过来一批热黏黏，热黏黏会从这洞口喷出去，我们穿上防护服，顺着热黏黏喷出去，就可以到达异兽星的地面了。"

听说会有奇怪的东西喷出，M 机器人连忙把自己裹得严严实实。

"啊，这不就是地球上的火山喷发吗？"小希感叹。

"火山？"

"嗯，Z 小星你没见过吧，地球的地幔圈层中，有很多岩浆，一旦它们从地壳的薄弱地段中冲出地表，就是火山了。不过地球人可没法顺着岩浆从火山中喷出去，因为岩浆太热了。"

Z 小星点着头说："我们这里的热黏黏也是这样，温度比较高，还黏糊糊的，所以我们就叫它热黏黏，所以我们得穿上防护服。喂！快看，热黏黏来啦！"

小希顺着右边看过去，一股亮绿色的热黏黏滚滚而来，若不是因为上面冒着缕缕热气，无法从它的外表看出它温度很高。

"跟我跳到热黏黏上！快！它们要喷发了。"Z小星喊道。

小希和M机器人跟着Z小星跳上了热黏黏。忽然，他们感到热黏黏猛烈地摇动起来。小希感到自己在防护服里上上下下、左左右右地晃着，似乎全身都要散架了。就在这时，轰隆隆的一声巨响从她的左耳穿过右耳，她被一个巨大的推力向上托举，再看头顶的洞口越来越近、越来越大，"抓紧我！"Z小星看起来是在大吼，但是声音在巨响中显得很微弱，小希和M机器人赶紧抓住她的章鱼爪。

"噗"的一声，小希感觉自己像一只在巨手中的小虫子，被狠狠地甩了出去。三个人互相抓着手臂，形成了一个圆圈，从天空中旋转着向下落。

"我们会不会摔死啊？"小希在空中问。

"什……么……？"Z小星提高了声调问。

"我……说……"小希又问了一次，"我们这样……会……不……会……摔……死……啊！"

"看见下面的大红花了么！我们落在那上面！就没事。"Z小星十分笃定。

小希感到有一股力，从Z小星的章鱼爪中传来，她和M机器人不知不觉地就被这股力拽着，向大红花的方向不断靠近。Z 星人一定是个资深的降落教练，小希心想。

不一会儿，小希他们就跌落在大红花的中心，原本张开的花瓣顺势向中间合拢，把他们包裹在了花朵里。Z 星人把一只章鱼爪伸得长长的，顶起了大花瓣，让小希和 M 机器人跟着她从花朵中爬出去。

3

异兽星一片祥和的景象，到处充满着鸟语花香。刚刚在半空根本没机会领略这里竟然是如此的美好。Z 小星向小希介绍："这里有不同的族群，有翼族、虫族、兽族、龙族和少量珍贵的水族。"

"这里竟然生活着那么多动物！"小希感叹道，"地球据说以前也有很多生物，不过现在很多生物只出现在画册里面了。"

"我们异兽星的动物，有着严明的分级，像珍贵的水族就属于圣级，龙族和翼族则属于亚级，而虫族和兽族等级最低是子族。从下到上，从低到高进行能源供给，也就是说圣级拥有最多的能源。"

"这和我们地球上的食物链还挺像，老鹰吃蛇，蛇吃老鼠，老鼠吃简单的植物。"小希边走边说。

"那和我们Z星人不太一样，Z星人在这个星球里属于独特的存在，不和动物进行能量交换与输出，我们只需要极少的能量就可以维持很长的状态。"Z小星分析道。

"你们看，这是蝴蝶吗？好漂亮的蝴蝶！"小希兴奋地说。一只大蝴蝶落在了小希的手掌上。那是一只长着三对翅膀的蝴蝶，六只翅膀有不同的颜色，一对长长的触角，美丽极了！

"这能叫蝴蝶吗？蝴蝶是昆虫，有两对翅膀，三对足……"M机器人说。

"不要碰，它的翅膀含有剧毒！"小希刚准备拿手指去触碰却被Z星人制止。

"啊！这么漂亮的蝴蝶居然有毒？"小希惊呼道。

"它们的翅膀每十年长出一对，你现在看到的是一只成虫。随着成长它们的毒性也愈来愈强，这一只可以杀死这个星球上的任何一个动物！"Z星人解释道。

看着小希的整个手掌已经僵住，Z小星补充道："你不要害怕，看到它们长长的触角了吗？那里是它们的感知器官，只要你没有要伤害它，用手指轻轻触碰它的触角，它就能通过接触感知到你的想法。"

只见小希小心翼翼地伸出手指，缓缓地把手指搭了上去，一阵微弱的电流游走在手指上，几秒过后，蝴蝶展翅飞走了。小希放下僵直的胳膊，身体恢复正常，长吁了一口气。"真的会有动物能感受到人们的想法吗？"小希问道。

"我不知道地球是否这样，但在 Z 星很常见，我们就有一部分 Z 星人对他人情绪感知很敏感，甚至会被他们的情绪所影响，不过我不是。"Z 小星说。

"是吗？"小希用力甩了甩头，想把自己奇怪的想法甩出脑海，怎么刚刚一瞬间觉得这是在说艾米呢。

突然，地面传来一阵震动。

"这是怎么了？这里也不是进出通道怎么会震动呢？难道是火山喷发或者地震了？"小希疑问道。

"你们看，震动停止了，没有岩浆喷射。应该不是火山喷发和地震，我们往前走看看情况吧！"Z 小星说着一只触手拉着 M 机器人一只拉着小希，大家缓缓前行。

"应该不是地震，你看看周围的动物也在正常地活动，好像没有受到任何影响，企鹅老师讲过，在面临灾难前夕动物们会有一定的前兆反应。"小希一边观察环境一边说。

"你们看！前面那么多动物聚集在那里干什么呢？"小希惊

呼道。

只见许多动物围在一起。它们身形巨大，足有八米之高，四肢粗壮有力，后背长着又尖又粗的刺，而且还有一对翅膀。

"这是我们这里的猛兽——翼虎龙，它们是好斗的动物，它们脊背那坚硬的刺就是它们的武器。" Z 星人边介绍边带着大家走近前看。

"那它们为什么会引起这么大的震动？" 小希小声地问道。

"我猜它们应该是在选择新的首领，听说它们的首领已经年老，现在需要选拔出新的首领。它们在用比武的方式决出胜负。你看它们身形巨大，所以每一次打斗都会震击地面，何况是两只首领的有力竞争者，所以力气自然十分了得。" Z 小星解释道。

大家的目光也随着两只翼虎龙的打斗跳跃着。突然，大地猛烈一震，一只翼虎龙猛然跳起扇动着翅膀飞到了半空中，然后向下撞去，地面上那一只也不甘落后，随即弯曲脊背，用锋利的刺进行回击。两只猛兽在不停地拼杀，不分伯仲。

"它们这样什么时候才可以分出上下？这样下去不会两败俱伤吗？" 小希担心地问。

"这是它们成为首领的必经之路，没有那么容易就能带领一族。

它们都做好了充分的准备，胜者为王。"Z小星沉重地说。

"这就是自然的规律，没有办法改变，有能力的领导者才能保护大家不受外界的伤害。"小希回忆起自在课堂里的知识，虽然早就知道物竞天择，适者生存，但真正看到这一幕，她还是有些难受。

"我不想看最后的结果，我们还是继续往前走吧！"Z小星感受到小希低落的情绪，拉着小希离开了翼虎龙的聚集区。

突然天空瞬间变黑。小希惊呼："不会又是暴风雨吧！怎么天一下子就黑了，我们赶紧找地方躲起来！"

"这是鹏鸟，你们现在看到的黑色，是因为它们的翅膀连在一起把光遮住了。"Z小星解释道。

"它们也太大了吧！"小希感叹道。

"是啊，成年鹏鸟的翅膀有八到十米长，幼鸟也能达到五米。展翅飞翔能飞到几百米高。所以看起来就像一片黑云压在了我们的上空。"Z小星看着小希惊讶的模样，开心地说。

"它们为什么会连在一起飞翔，这样不会不方便吗？"小希眯着双眼望着上空的鹏鸟。

"鹏鸟是群居动物，不会独自飞行。如果遇到敌人，它们就像一块黑布般围上去，被围住的动物看不到光亮，在里面会迷失方向，然后鹏鸟就用它们钩形的喙制服敌人。"

"啊！这太神奇了！"。小希感叹说。

"鹏鸟虽然看起来有些可怕，但是它们可是异兽星上最主要的交通工具，它们能带着我们飞到天上去。"Z小星拉着小希走到鹏鸟身旁。

"它们还能载人？"小希惊异地问。

"是的，只要你没有要伤害它们，它们就很乐意把你驮在背上。"

"那我们赶紧去体验一下，我也想在天空上飞翔！"小希激动地说。

"当然可以，但是鹏鸟的飞行的线路是固定的，在我们的西南方向是栖息区，那里不仅是它们的巢穴还是所有动物们的家。星球中心是能源区，那里能补充能量。在东北方向是活动区，那里能提供充足的场地，不仅有陆地还有一些河流，珍贵的水族就生活在那里。"Z小星细致地介绍。

"那我们赶紧去吧，我已经迫不及待了！"小希拉着M机器人就往前走。

走了大约一个小时，他们来到一片十分辽阔的区域，这里的动物不计其数，每走几米就会看到一只叫不上名字的动物，他们有的长得很像地球上的动物，也有的看上去很陌生，还有很多像地球上已经灭绝的动物，小希看到了好几只恐龙！大家边走边感叹着，异兽星真是太神奇了，所有的动物能和谐地生活在一起。

"前面就是鹏鸟的巢穴了，那里就可以乘坐它们，带我们去中心能源区和活动区。"Z 星人指着不远处。

"好激动啊！我们快去吧！"小希拽着 Z 小星的爪子往前冲。

只见鹏鸟像一个个黑色的雕塑立在地上，小希这才近距离看清它们的样子。它们的喙又长又尖利，像钩子一样弯曲着。一双眼睛十分明亮。

"我们来的时间还有点早，它们刚飞回来没多久，还需要休息一会儿，我们在这里等一等吧。"Z 小星带着大家来到空地坐了下来。

各种各样的动物陆陆续续向这边靠拢，不一会儿这片空地就挤满了动物和 Z 星人，都是要搭乘鹏鸟的。有一种像小鸡一样的小动物特别可爱，它们呆头呆脑地挤到小希身边。看到这一幕，小希忍不住拿出她随身携带的小布袋，掏出一把地球带来的种子。这些种子都还没有发芽，听老师说过，很多动物都会把种子当作一种食物。

"吃吧吃吧。"小希看着埋头在自己手里吃种子的小动物，又开心又难过。这个布袋子陪她走了一路，见过炎热的炎炽星，也经过冰冷的寒冰星，都没有找到可以让种子发芽的合适的土壤。

"我们走吧！可以去坐鹏鸟了。"Z 小星说道。

"好的。"小希摸了摸小动物的脑袋，看它们蹦蹦跳跳离开。小希抓了一把土塞在袋子里。能养育这么多小动物的土壤说不定有什么特殊之处呢，小希想。

只见数十只鹏鸟贴近地面，拱起后背，翅膀展开铺平，瞬间在地面上张开一张黑色的布。所有等待的动物和 Z 星人缓缓地登了上去。

"我们坐在这只鹏鸟身上吧！它看起来是一只幼鸟，感觉很温顺。"小希说。

"我们贴在鹏鸟的后背趴下就可以了，它们不论是起飞、飞行还是落地，都非常平稳。"Z 星人说着带领大家平稳登上了鹏鸟。

他们紧紧地贴在鹏鸟的后背上。鹏鸟缓缓地扇动着翅膀，带着大家向天空飞去。

鹏鸟起飞得缓慢且平稳，小希逐渐地不再紧张，这才看到远处的异兽星景色竟是如此迷人。鹏鸟飞行的速度并不快，所以大家坐在上面十分舒适。

"你们快看，下面怎么了？"顺着小希的手指方向看去，透过鹏鸟之间的小缝隙，只见下面有的动物们开始了异常的举动，很多巨型动物在互相攻击。

"这难道是异兽星要换届选举吗？"小希疑惑地问道。

"应该不是，因为异兽星上没有绝对的统治者，大家都是和平共处，按照严格等级生存着，按理说不会发生这样的事情！"Z小星也疑惑起来。

"我们还有多久能到中心能源区？"小希问。

"还需要几分钟，现在下面的情况我们还不清楚，一会到达中心区再了解吧！"

不一会，鹏鸟们开始降落，但就在距离地面还有几米高时，突然有的鹏鸟合上了翅膀，整个鹏鸟群瞬间涣散。小希乘坐的这只鹏鸟也开始躁动，随着一声鸟鸣，小鹏鸟剧烈地抖动起来，好像对背上的人充满了愤怒。

"快下去！"Z小星观察了一下下面的地貌，发现下方正好是一个小山坡了。眼看高度在安全范围内，Z小星拉着小希就跳了下去。

"没有人等等善良的M机器人吗？"M机器人无助地站在鹏鸟背上，发现就剩它一个了。

鹏鸟越来越暴躁了，M机器人试图抓住鹏鸟的羽毛，但滑滑的移动轮完成这个动作显得尤为困难。

"快！快跳下来。"眼看鹏鸟带着M机器人离自己越来越远，小希大叫道。

"希望我的零件不会再掉了！"M机器人闭上双眼，双手尽全力的护住自己坏掉一次的轮子，像球一样滚了下来……

"没事吧？"小希扶起眼睛里冒着圈圈的M机器人。

"好像没事？"M机器人试着动了一动，开心地发现轮子似乎没掉。但下一秒，哐当哐当的声响将它拉回现实。"我的零件又掉了。啊……"

"嗯……没事，等遇到思宇，他会帮你修好的。"小希安慰说，这一刻，她多么希望自己手工课能够更认真一些，立刻就能修好M机器人。

"快看，动物们都很反常！"Z小星大叫道。

小希和M机器人对视一眼，赶紧爬到山顶上，大家看到下面有很多动物都在互相攻击，有的攻击着自己的族群，有的攻击着别的动物。有些温和的动物，没有攻击别的动物，却惨遭袭击，成了别的动物的腹中餐。而他们刚刚乘坐过的小鹏鸟，还没来得及飞多远，便被另一只鹏鸟攻击，从空中掉了下来。

这到底是怎么回事？小希和Z小星对视一眼，再看看这惨不忍睹的场面，只觉得一股寒气从心底冒了出来。

"快让开！快让开！"一阵急切的声音传来。三人回头一看，发现山坡不知何时出现一个地洞，一个衣服破破烂烂的年轻 Z 星人驾驶着一台升降机升了上来。

"这里居然还有 Z 星人？"

"动物异变是怎么回事？"

"嗯……我该回答哪一个呢？"眼看小希和 Z 小星都注视着自己，年轻的 Z 星人装模作样地考虑了一番，说："还是先自我介绍吧，我叫可可，是异兽星基因实验室的科学家之一，我们目前的研究范围主要涉及动物变异及恢复，而我负责的核心工作主要包括动物状态监测、异兽群落分布解析、异兽数据变换模式……"

小希和 Z 小星瞪大了双眼，都没想到年纪轻轻的可可已经开始进行这么高深的研究了。

"简而言之，就是实验室的杂工，负责做记录，跑跑腿。"M 机器人不带感情的分析道，"按照你这个性格，九维博士是一定不同意让你进入实验室的。"

"谁说我是杂工，我明明……"可可脸涨得通红，大声反驳道。

"可可，你的药喷完没？"山洞里再次出现一架升降机，一个老先生从里面走了出来。

刚刚还神气十足的可可见了这个老先生就像老鼠见了猫，他慌忙解释说："很快就能解决这些异兽，我马上开始喷射药物！"

　　"解决？为什么要解决这些动物？"小希瞪大了眼睛，"这些异兽多可爱呀！"

　　"我也不想呀，"老先生叹了口气，"这里之前有一些动物被首领抓走去做基因实验，结果发生了变异。刚开始还好，但后面就不受控制了。首领眼看计划失败，就又将这些异兽丢回异兽星，这些变异动物和正常动物不停繁衍，一代代的变异越来越严重了！"

　　"基因实验？"

　　"基因你都不知道呀。我们人和动物都有自己的基因，基因决定着我们的遗传。这么说吧，你长得和你爸爸妈妈很像，却和老虎完全不同，这就是说你遗传了你爸爸妈妈的基因，而不是老虎的。"可可得意洋洋地说。

　　"所以说，现在的情况是，异兽星上的动物们被抓去做基因实验，很多动物的基因就发生了变化，于是动物们也发生了变异，这些变化会随着它们的繁衍而变得越来越离谱。"Z小星沉重地说，心里对首领的厌恶又多了几分。

　　"没错，所以我们只能通过药物让它们无痛苦地死去了。"老先生浑浊的眼睛望着山坡下互相攻击的异兽，手紧紧地握着拐杖。

"应该把这些动物都杀死！它们已经不是原来的动物了！谁都不能肯定它们是不是随时会变异，或者已经变异了而我们没有看出来！"可可一边调整药物喷洒器的开关，一边不满地说。

"这怎么行？！它们是无辜的！它们也是生命！"小希大声说道。

"对，它们是无辜的，那这些被异兽攻击的实验员就不无辜吗？"小希的话似乎激起可可心中的痛楚，他愤怒地吼道。

"可可！"老先生制止了可可，转身对小希说道，"来自地球的孩子，我理解你的心情。我们也试图挽救异兽，但都失败了。由于这项工作太危险，其他科学家都离开了，实验室只剩我和可可。为了动物们不自相残杀，将变异动物们安乐死是最好的方法。"

"难道没有别的办法吗？"小希难过地说。

"实验室有早期异兽的化石，如果根据化石寻找到变异动物的原始基因，或许还有机会。"老先生说。

"化石？能看一看吗？"

老先生犹豫了一下，还是小心翼翼地从口袋里掏出一个小盒子打开："这就是变异动物的早期形态。"全息投影呈现在面前。

"这是……我在科学课上见过！企鹅老师给我们讲过，这是恐龙的化石！"小希惊讶地说，"Z 星球上怎么也有恐龙化石呢？"

"图书馆里好像有说，Z 星球上以前生活着很多的恐龙。但是随着星球内部的不稳定，发生了一次大爆炸，在那次大爆炸中，有很大一块球体落入了虫洞中，那上面的恐龙就随着球体碎片进入了虫洞，掉落到了地球上。"Z 小星努力地回想着看过的资料。

"我们地球有许多伟大的生物学家的，老先生，我们可以进行合作，一定可以……"小希说。

小希的话还没完，就听见可可的声音从仪器传出："配比完成，药物开始喷洒。"

随着"滴"的一声，药物喷洒器开始转动起来，一阵白色的烟雾随着风不断向外扩散。

"你，你为什么不给它们一点生存的机会。你知道每一个动物能生存下来是多么不容易吗？"小希着急地喊道。

"因为我不异想天开！还什么地球合作，你们地球在哪我都不知道！"

"但你也不能……"

"……"

正当二人吵得不可开交时，"滴！我们被包围了！"M 机器人低声播报。

"什么？！"众人惊讶地望着四周，瞪大了眼睛。

彩蛋多多

 1. 虫洞

虫洞在这里可不是指虫子的洞。在物理学家的世界中，虫洞是科学家爱因斯坦和罗森提出来的一种假设，它的全称是"时空虫洞"，它被认为是一条时间和空间的捷径，就像是哆啦 A 梦的传送门一样，它可以无视空间和时间的距离，对进入虫洞里面的物体做瞬时的移动。

2. 有毒的蝴蝶

南美洲有一群带有毒性的蝴蝶，它们的鳞片因含有大量的强心甾毒素，可令燕、雀、蜥蜴避而远之；长翅大凤蝶是非洲的代表凤蝶，它在翅形长度常超过 20 ~ 23cm，比大鸟翼蝶的雄蝶还长，成虫体内有剧毒，据说可毒死 6 只猫。很多毒蝴蝶本身颜色会十分鲜艳，警告其他生物不要捕食它，我们要小心观赏各种蝴蝶，不要触摸它们，不仅是为了更好地保护蝴蝶，也是更好地保护好我们自己。

3. 鹏鸟

在中国古代的记载中，在《庄子·逍遥游》中有："北冥有鱼，其名为鲲。鲲之大，不知其几千里也。化而为鸟，其名为鹏。鹏之背，不知其几千里也；怒而飞，其翼若垂天之云。"说的是鹏鸟很大，它的背就有几千米那么长，当它飞起来的时候，它的翅膀像云一样可以遮住整个天空。在这里的鹏鸟，就跟古代的鹏一样，是一种善于飞行的大鸟。

4. 变异动物的原始基因

基因决定了每种生物的特征，比如说长成什么样子，有几只胳膊几只腿。每个生物的基因基本都是固定的，比如说一只母兔子虽然生了一堆长得不一样的兔子，但是每只兔子都喜欢吃植物，都有两只耳朵四条腿。但是，由于人类对兔子基因的干涉或者一些其他原因导致兔子的基因变了，兔子可能会长出五条腿，三只眼睛，长出猪的鼻子，完全不再是兔子的样子了。变异动物的原始基因就是能长出正常兔子的基因。

第七章
Z 星的秘密

"这是什么情况？！"小希站在山坡上，紧张地望着四周。

"怎么会这样？！"可可脸色苍白地问道，"明明之前都是可以的！"

"唉，"老先生摇了摇头，无力地说，"我早就知道这一天会到来。如果一直没有找到动物变异的根本原因，它们早晚会产生抵抗力，药物也就随之失效了。"

一直转个不停地药物喷洒器引起了异兽们的注意，山下异动的动物们感觉到山坡上站着陌生的人类，就悄悄地将山坡包围了起来，缓缓地向人类逼近。

"这应该是异兽群引发的暴乱，我们赶紧找个地方躲一躲！"Z小星咬咬牙，试图用自己的身体保护小希。

但对于四肢发达、嗅觉灵敏的异兽们来说，Z小星的这些举动无异于螳臂当车。异兽们瞪着猩红的双眼，张开大嘴，长长的獠牙在阳光下反射着刺眼的光芒，喉咙里不断发出威胁的嘶吼声。

"我们无处可藏了。"可可面色苍白地说，"为了防止药物扩散到实验室，升降机通道自动关闭了，在药物散去之前，我们都没办法回到实验室……"

什么？！

越来越近……越来越近了，小希看着逐渐围了过来的异兽们，只觉得喉咙干涩不已。"难道就这样被吃掉吗？Z星之旅就这样结束了么？爸爸妈妈、思宇、鲁班班……就再也见不到了吗？"

小希摇了摇头，将绝望情绪赶走，她告诉自己一定要冷静，相信一定有办法能控制住这个局面："M机器人，有没有办法屏蔽这些异兽们？"

"屏蔽异兽主要是凭借屏蔽它们的视觉、听觉、嗅觉等手段。但目前情况来说，山坡上没有可以遮挡你们的物体。"M机器人的身体闪烁着红光，胸前的电子屏不断有代码飘过，似乎在寻找能够解决困境的办法。此时此刻，哪怕是毫无感情的电子音，小希似乎也能听出 M 机器人的担忧。

"吼！"一只四脚异兽终于忍不住了，只见它双腿一蹬，张开大嘴朝着 Z 小星扑来。

Z 小星紧紧地闭上双眼，浑身颤抖着，八只触手依然挡在小希身前。就这样吧，Z 小星默默地想，只可惜自己没有机会看一眼神秘美丽的地球……

"咚！"

众人猛地睁开眼睛，发现刚刚还威风极了的异兽们被一艘巨大的飞船给砸的晕晕乎乎。这飞船长相十分奇怪，明明是船的造型，船顶还挂着帆，但是飞船两侧和船底却又分别安装了两个简易的翅膀和轮子，以至于看上去有些不伦不类。

"快！快进来！"船舱门向两侧划开，一个身影冒了出来。

"鲁班班！"小希惊喜地叫道。接着，她被鲁班班拉进了船舱。"Z 小星、可可、老先生、M 机器人，快，快进来！"

"等等，你说 Z 星人，你让他们进来？"鲁班班皱了皱眉，眼底涌出一股不快，他可没忘记 Z 星人曾经做过的事。

"吼！嗷——"

眼看刚刚被砸晕了的异兽们又清醒了过来，小希一把将准备离开的 Z 小星和可可拉进船舱。"鲁班班，具体情况等下告诉你，相信我，他们都是可靠的伙伴，快把老先生拉上来！"

船舱关闭，异兽们被挡在舱门外，大家松了一口气。

可可眼睛四处转了转，小声地说道："谢谢你们！"

"你说什么？"小希调皮地眨了眨眼睛。

"我说谢谢你们，救了爷爷和我！"可可满脸通红，但语气却十分真诚，"爷爷是我最重要的人了……"

"小希，你来一下！"

小希回头一看，叫自己的正是鲁班班，他挥了挥手向操作室走去。

小希拉着 Z 小星跟着鲁班班进了操作室。没等鲁班班说话，小希就急不可待地问鲁班班："你快告诉我，思宇和艾米到哪里去了？你是怎么到的异兽星？"

鲁班班叹了一口气："我算是因祸得福。我与思宇和艾米穿越到了深海星，造了这艘水母号寻找连接的通道，准备回主星球。没有想到，在污染严重的黑水海域，我们遇到了海怪。为救思宇和艾米，我驾驶'水母号'闯进了海怪的肚子。在海怪肚子里，我让它呕吐，它一下子就把我和'水母号'吐到了海底的垃圾中心。那里有特别的通道连着每个星球。异兽星上那些死亡的动物，也通过这个通道送到深海星的海底。也是通过这个通道，我听到了你们的危险的呼救，所以直接开'水母号'进入通道，来到这里。"

"那思宇和艾米呢？"小希问。

"他们乘坐救生舱离开了危险的海域，不会有事的，如果他们找不到来这里的通道，我就返回深海星接他们！"鲁班班的话让小希放心了。

"该你了，说吧，你是怎么回事。"鲁班班坐在椅子上，不满地问道，他对 Z 星人现在的确没什么好感。

小希把这一路来的经历告诉了鲁班班。

"那你的亲人们呢？"鲁班班皱眉，转身问 Z 小星。

"哦……当我到达炎炽星后，土著们告诉我，他们已经因身体缺水、营养不足过世了。"Z 小星低声说道。

"可可又是怎么回事呢？"鲁班班沉默半晌，问道。

"他们是 Z 星科学院的研究人员，一直在异兽星坚持研究，希望可以解决异兽的变异问题。"小希抢先答道。

"……如果这些 Z 星人再打什么坏主意，可别怪我不客气。"鲁班班又沉默半晌，起身走向操控台。

Z小星看了看鲁班班，又看看小希，有点摸不着头脑。

"滴，一般来说，沉默就等于默认，不反对就代表赞同！"M机器人说。

"闭嘴，M机器人。"鲁班班恼羞成怒地吼道。

"哈哈……哈哈哈……"小希搂着M机器人笑得直不起腰，他觉得直言直语的M机器人越来越可爱了。

随着最后一丝光芒消失在天际，黑夜到来了。

小希轻轻地走近操作台，看着还在捣鼓的鲁班班，好奇地问道："我们什么时候才能离开异兽星呀？"

鲁班班看了看能源器，皱起了眉头。"不行，飞船以海水分解的氢和氧为燃料，离开了大海，能源补给不足，现在根本没有办法再次起飞。"

"那怎么办呀！"小希瞪大了眼睛。

"只能等异兽们自己散开了。"鲁班班揉了揉酸涩的眼睛，转身说，"大家先休息吧，或许明天早晨异兽们就离开了。"

船舱内，大家盖着被子缩在船舱内，心里默默祈祷着明天异兽可以全部离开。

"轰，轰——"

"什么声音！"Z小星从船舱内弹了起来，四处张望。

"嘶——"众人倒吸一口凉气，只见随着阳光升起，星球上的异兽们不仅没有散开，反而更加暴躁了，不少异兽已经爬上了飞船，不断进行攻击。

"滴！船壁遭到不明生物攻击，船帆已被破坏，滴！"语音警报不断响起。

"大家不要着急，飞船的材料很坚固，不会这么容易被破坏的。"鲁班班仔细地观察了船舱的数据，沉声说道。

"这样坐以待毙是不行的。"小希看了看外围的异兽，皱了皱眉，手指紧紧地抓在椅子上，泛起丝丝白色："飞船里面的食物和饮用水已经不多了，到时候就算飞船可以坚持，我们也没有办法坚持的。"

"吱——吱吱——"一阵熟悉的声音传来。

"那个是……艾米！"小希揉了揉眼睛，惊喜地叫道。

"艾米？"众人围在玻璃上不可置信地说道。

只见艾米翅膀一扇，双脚一蹬，犹如一个小炸弹一样冲入异兽群中。艾米左蹦右跳，吱吱一叫，一只异兽就安静了下来。正当众人惊讶万分时，一只异兽悄悄跑到了艾米的身后，张开大嘴——"吼！"

"小心！"小希大声叫道，心提到了嗓子眼。小小的艾米落在异兽群中不就是狼入虎口吗？

意想不到的一幕发生了，只见艾米拿起一个比自己身体还大的木棒，狠狠敲在异兽的脑袋上。刚刚还威风凛凛的异兽转了转被砸晕的头，默默地蹲下身子，身上的毛也耷拉了下来。

"一定是我看错了！"鲁班班擦了擦汗，他怎么感觉异兽看起来委屈极了，这可是异兽！鲁班班赶紧将这个念头抛到脑后。

"艾米，干得好！大家快出来吧！"一道熟悉的声音从头顶传来。

"这是思宇的声音！"小希和鲁班班对视一眼，惊喜地跑出飞船。"思宇，你怎么来了？鲁班班还准备去接你们呢！"

"哈哈，先来个大大的拥抱，再耐心听思宇大王从头演讲，细说分明！"思宇跳下船舱，热情地和大家拥抱起来。

2

漆黑的海水一望无际，仿佛要将一切东西淹没、腐蚀一般。

"我们接下来怎么继续航行才能返回刚刚的地点？"思宇通过救生舱的灯光观察着前方的水域。只见还是一片凝重的漆黑，救生舱的光在漆黑的海水中所起的作用非常有限。

"我也不知道，"艾米揉了揉头，难过地说，"刚刚的海底地震破坏了原有的地形。我现在脑海里的信号只显示了到达目的地的导航地图。"

"什么鬼导航！一路诸事不顺！"思宇一拳砸向操控台，他不能原谅自己的伙伴由于救自己而牺牲！……不，鲁班班一定还活着。

"我……我不知道……"思宇的质疑仿佛是最后一根稻草，彻底压垮了艾米，它伤心地哭了起来，完全没有平常机灵古怪的模样。

"艾米，对不起。"思宇抱起艾米，为刚刚的话道歉。"我只是太着急了，我们现在就朝着你导航地图的目的地出发。"

"那鲁班班呢？"艾米问。

"盲目的寻找只会消耗救生舱内为数不多的能量，只有找到联络器恢复的方法，找到飞船定位，才能最快地找到鲁班班。"思宇冷静地分析起来。

随着救生舱的行驶，思宇对现在所处的地形地貌有了一个大致的了解。与前面遇到的火山群不同，这片更深的海域看起来要平坦，水流也相对稳定。继续行驶，发现在这片低平水域的周围有相对高一些的山脉。

"这里的地形两边较高中间低洼，有点像地球上的盆地吧？"艾米观察后不太确定地说。

"嗯，确切地说是类似地球上大海中的海盆，也叫洋盆。"思宇注释着操控台的仪表盘说："我们先沿着这个低平的海盆前进吧。"

艾米观察仪表盘，只见雷达探测系统、导航系统等一切正常。

"我们慢慢向前航行吧。艾米你注意观察舱外水域，我来操控船。"思宇盯紧前方，严肃地说道。

"滴滴……"报警系统再次发出了警报，仪表盘的雷达系统在不断闪烁，导航系统的航向指针也在不断地左右摇摆。

思宇赶紧冲到透明窗口前问艾米："艾米，有什么发现吗？"

"没有看到什么啊！"艾米疑惑地答道。"我立即用我的信号搜索能力查看。"艾米调动全身能量集中到触角上，只见它的触角一闪一闪发出了绿色光芒，随着时间的推移触角的光芒慢慢变成了红色。

"注意正前方偏左 63 度十海里的位置，那里有个奇怪的东西。但是，我们的目的地也是这里！"已是耗尽大半能量、看起来不太精神的艾米说。

终于发现了！思宇心头一振，集中起全部精力，会有什么出现呢？

虽然救生舱航行速度慢下来了，船舱内操控系统依然紊乱，"滴滴……"依旧刺耳，思宇能感受到心脏加快地跳动。

"已经接近目标了，减速航行，我们不要贸然接近目标，绕着这个区域查看一下吧。"思宇从透明窗口观察着外面。漆黑水域在探照灯的照射下，不时显现出一些低矮的各形各样的漆黑的岩石以及稀疏的摆动着的植物类生物，有点像地球上的紫菜或者海带等藻类植物。

"在那里！"思宇顺着艾米的手指望去，只见在漆黑的各种形状的岩石群中有一块略高于其他岩石形状奇怪的金属灰色的岩石。

"这个形状？对，很像我们地球上的榫卯结构！"思宇惊叫道。"周围看起来没有什么危险，也没有其他线索，我们出舱看看这块岩石吧。"

"好的。"艾米点点头，头顶的信号灯不断闪烁。

他们穿戴好潜水装备，缓慢地接近了那个奇怪的岩石。

"不错，这是岩石，是加工重建的岩石，相互以榫卯结构简单拼插。"思宇观察后肯定地说。

"什么是榫卯结构？"艾米问。

思宇骄傲地回答道："榫卯结构，是地球上中国在 7000 多年前河姆渡人发明的一种极为精巧的构件连接方式，两个构件凸出部分叫榫，凹进部分叫卯，榫卯咬合，起到连接作用。这种结构在中国古代的木建筑中发挥了极大作用。鲁班对榫卯结构就有很深的研究。这是我们地球上中华文明的瑰宝。而且榫卯结构建筑中不使用任何钉子或其他连接附件，所以可以完整拆卸，这也是我们玩榫卯玩具的乐趣所在。"

"那这个岩石的结构能重组吗？看起来很重啊！"艾米忙问。

"我们一起研究看看吧，这个东西出现在这里一定有什么原因的！"思宇边说着边围着这个榫卯岩石观察起来。

思宇从底部转了几圈逐渐发现，虽然这些岩石被切割成较为整体的榫卯结构，但并没有完全咬合在一起，特别是上部基本都是分离的。

"我们游到顶部看看。"

"果然在这里！"思宇惊喜说道，"你看，整个结构看起来有多个榫卯块需要连接，但都是大块岩石，不是一般力量可以移动的，所以一定有一个自动移动的装置，可以移动这些榫卯结构组装起来。向下看，除了完整的榫卯结构外，这个岩石柱顶端还有一个凸出的方形部分。而且这个方形与整个石柱间正好与缝隙，看起来像一个可以按下的机关。"

艾米急忙凑近观察，的确如思宇所说，看起来像一个大的方形按钮。

"我们按按看吧。"思宇着急地说。

"好，我们一起！""一、二、三！"随着两人的喊声，凸出的方块被按了下去，同时"轰隆隆"的响声像打雷一样。榫卯结构的岩石不断地变化着位置和方向，水中的带状植物类生物狂舞着。"咚"一声巨响，岩石群静止了。

"这是什么？"艾米惊讶地问。回答它的是一片寂静，因为没人知道那是什么形状。似圆筒的底座，似 Z 星人头部的中间部分，还有两根交叉咬合的石柱压在顶端。

"快看，前方亮起了什么？"艾米喊。

只见在漆黑的远处，慢慢闪出一排排的灯光，这些灯光越来越亮，接着下边又亮起了一列列的灯光，一座庞大建筑跃然眼前。

他们还没有从震惊中回过神来，一艘奇怪外形的潜艇冲到了眼前。透过透明窗口可以看到几个 Z 星人站在里面，接着大家听到了这样的声音："你们好，欢迎你们来到了 Z 星修复联盟基地，我们都在为拯救 Z 星努力奋斗，也感谢来自地球朋友的帮助。请你们进入你们的船舱跟我们进入基地。"

"艾米，你的信号真的显示在这里可以离开深海星吗？"

"没错！"艾米头顶的信号闪了闪，肯定地说道。

"不管了！"思宇咬咬牙，决定无论如何走一趟，哪怕只有一丝希望可以将鲁班班救出来，他也愿意尝试。

3

思宇回到救生舱，跟在 Z 星潜艇后驶入一个类似基地的地方。

经过一段不是很明亮的通道后，大家眼前一片光明，原来基地内部非常大，像一个大型宇宙飞船。基地中间是一个很大的中央广场，高大的建筑分部在周围三面，分三层建设，每层都建有了大小不一的小建筑。救生舱跟着 Z 星潜艇通过中央广场的右侧圆形拱门停下。思宇发现有通道自动连接到潜艇出舱口，Z 星人没有穿任何潜水装备就进入了通道。思宇肩上抱着艾米说："看来那个通道可以跟出舱口无缝对接，我们应该也不用穿潜水服了。"

刚说完，大家接到了传声："通道已经连接，请地球的朋友们出舱，不要穿潜水服装。"

"这里也好大！咦，可以看到外面啊！"艾米低声嘀咕着。

思宇也发现了，在外面看的时候只看到这些建筑外的灯光以及建筑的外形，原来建筑的里面能完全看到外面。这时一队 Z 星人来到他面前，中间走在最前边的一位伸开八只触爪挥舞一番后，说："远道而来的朋友，你们好，自我介绍一下，我是这里联盟的主席。我们早在一个多月前就从中央星球知道各位的到来，但是没想到星球的领袖会做出抢夺你们飞船放弃 Z 星的丑事。我们感到非常惭愧！请各位朋友相信我们大部分 Z 星人都在尽全力拯救 Z 星，毕竟这里是我们的家园！"这位执行官说着惭愧地低下了头。

这时，在他身侧的一位 Z 星人走了出来说道："各位，我是修复联盟基地的首席执行官，由于时间紧迫，我就简单给大家讲一讲我们联盟，并说一下现在 Z 星的整体情况吧……"

"等一下！"思宇打断了 Z 星人的话，"虽然这样说很不礼貌，但说实话，我现在并不在乎 Z 星的情况，我来这里的目的就是为了回到主星，救助我的朋友鲁班班！"

"很抱歉……就算回到主星也没有办法救助你的朋友。"

"什么？"思宇和艾米异口同声地大叫道。

"但你们不用担心！鲁班班是安全的。"似乎看出来思宇的脸色难看，首领连忙解释道。"他现在已经到达了异兽星！"

"你怎么知道他到了异兽星？"思宇很惊讶。

"因为艾米。"

"艾米?"思宇瞪大眼睛望向艾米。

"说来话长，当年，Z 星环境不断遭到破坏，于是我们开展星球传送计划，将 Z 星中的一部分初等生命体送入太空，以保证星球毁灭时 Z 星球的物种不至于全部灭绝。那时，我们在太空中已经寻找到一颗能够供初等生命体存活的星球——Q 弹软糯星。我们送往太空的初等生物体的内部结构简单，靠吸收宇宙中的电磁波维持生命所需的能量，不需要氧气、水及食物，对环境的适应能力强，更容易在恶劣的宇宙环境中存活下来。此外，它们头顶的触角可以将信号传回 Z 星，便于我们随时监测它们的动态。"说到这里，首领将目光转向艾米，注视着艾米的眼睛，缓缓说道："艾米，你就是当初被我们送入 Q 弹软糯星的初等生命体之一。没想到今天会在这里重新见到你，欢迎你回家。"

听到这，艾米、思宇都愣住了，首席执行官的话令他们陷入沉思。之前遇到的种种巧合事件在他们的脑海中闪过，原来这些都并非偶然：Z 星人的头顶都有一根像天线一样的触角，和艾米的触角非常相像，并且可以通过这根触角传递、接收信号。艾米能够搜索到的信号恰恰来自 Q 弹软糯星……

"所以说，艾米接收到的路线图是你们传到 Q 弹软糯星又被艾米收到的？"思宇想到这里，又气又急，正是因为这条路线，他们才无辜遭遇这么多意外。

"信号的确来源于我们，但如果想要回到主星，我们这里也是最快速的通道。可是我们的确不知道鲁班班怎么能到了异兽星。"

"这墨汁般的海域是怎么回事？"思宇问。

修复联盟执行官沉默半晌，缓缓讲述起这一切的真相。"大家应该看到了这个深海星的环境：一半黑一半粉。"

"是的，深海星一直这样吗？"思宇好奇地问道。

"当然不是，几百年前这颗星球因为海底岩石含有的元素成分，水是绿色的，所以远远望去这里是一个翠绿的水球，美丽又充满生机。"执行官满怀幸福地回忆着。"当然，这也是听长辈们说的或者在百年前的书籍中记载的。"

执行官似乎想到什么，叹了口气，继续说道："百年前政府因为用高科技仪器探测到这里的岩石中有一种能够产生高能量的元素'暗'，而且在一些海域底部的岩石层下还储存着含高热量的液体，我们称之为'黑元'。政府急切地想得到这些能量，所以不计后果地疯狂开采。再加上一些唯利是图的私人团体，这里的环境就越来越差。'暗'元素的开采造成了很多岩层的破坏，地壳薄弱地带经常发生火山、地震，开采后的岩石粉末充斥在水域中。'黑元'的开采使星球的温度逐渐升高，再加上开采工人的大量聚集，大量的生活垃圾造成了一些水域的水体富氧化。富氧化再加上慢慢升高的水温，使得水中的藻类等微生物大量繁殖。而这些耗氧微生物的大量繁殖引起了水体缺氧，而水体缺氧就导致水中生活的大量水生生物的死亡。而这些死亡的水生生物的尸体又导致了水体的进一步富氧化。从而进入了一个越来越糟糕的死循环！"

这位执行官沮丧地望着大家继续说道："翠绿清澈的水域慢慢变成了浑浊的灰色，并继续加重。大家在基地里或者在船舱中因为有专门的制氧设备会不觉得，其实这片海域水中的含氧量已经只有原来的8%，大部分生物已经不能生存！虽然后来政府也实行过改造这里的环境的措施，但需要投入大量资金，又没有了原来大量能源的产出，这个举措未能走远。我们修复联盟最初成立就是为了实行这些措施的。"

"但被破坏的环境哪有那么容易还原，即使我们花费了巨大的努力，也只能说勉强恢复了一小块。"

"是粉色海域吗？"思宇问道。

"对，但即使是这样，也还是和原来的生态环境有着巨大的差别。"

思宇望着建筑外凝重的漆黑水域，心情非常沉重，他从来没有想到，环境破坏是如此的简单，而恢复环境又是如此的困难。

沉默片刻，首席执行官咳嗽了两声："咳咳，修复环境是我们联盟建立之初的主要目标，但这几年，如何克服 Z 星受到的巨恒星的超大吸引，维持 Z 星各星球的相对稳定，保证 Z 星人和生物的存活已经成了我们的首要任务，也是现在必须解决的难题，否则，我们都将不复存在！"

执行官的话让思宇一瞬间想起了落下深海星的那一幕，Z 小星大声嘶吼："Z 星就要毁灭了！"

"Z 星到底怎么了？"思宇问道。

话音未落，突然，地面的剧烈晃动打断了执行官的声音。

4

"不好，海底又开始震动了，看来 Z 星的撕裂正在加速。A 队执行员负责检查海底通信设备有没有损坏，其他人赶快跟我走。"主席发出命令，所有的执行员瞬间进入备战状态，一批执行员向一个深不见底的通道列队跑去，另一批则护送主席及思宇他们穿过重重自动控制的大门，来到基地深处的一间实验室。

"深海的震动比我们在地面上感受到的更强烈，所以，这里可能比地面更危险！那么，到底是什么产生了这样的震动呢？或者说，我想知道的是，Z 星球为什么会被突然撕裂？"思宇问道。

"是啊,是啊,从我们刚来到 Z 星就发现不对劲,通道突然被撕裂,我们和朋友被迫分开，首领还抢走了我们的飞船，这到底是怎么回事啊？"艾米也急切地想知道答案，为什么在 Z 星上遇到的所有事情都和当初想象的不同。

"说来话长……"主席讲述了 Z 星球危机的来龙去脉。

原本 Z 星球是一个由五颗星球组成的和谐的微型星系，五颗星球之间形成了稳定的吸斥关系，其相对位置及距离基本保持不变。因此，当时建立了沟通各个星球的星际通道，来往各个星球畅通无阻。

距离 Z 星 30 光年的西南方有一颗巨大的恒星。天文学家为它取名为巨恒星。

一直以来，巨恒星的自转情况稳定，位置也没有明显变化，当时，观察人员一致认为对于 Z 星来说,这是一颗不会造成威胁的安全恒星。

15 年前，有一个天文学家提出一个非常大胆的项目，利用虫洞建立从 Z 星到巨恒星的通道，把 Z 星上的污染物和垃圾直接运到巨恒星燃烧掉。为此，还做了一个实验，建立了一条从异兽星到深海星的垃圾通道，并取得了成功。

听到这里，思宇一拍大腿："我明白了，鲁班班一定是进入了这条垃圾通道，直接到达了异兽星！"

大家都恍然大悟，同意思宇的推测。

"您继续讲吧。"思宇对主席说。

主席笑了笑，说："真是自古英雄出少年啊！"然后继续揭开 Z 星的谜团。

因此，在接下来的时间里，Z 星科学家们的主要精力转移到了实战阶段，建造 Z 星到巨恒星的虫洞通道。

直到两年前九月的一天，当时观测组加入了一位新的小组成员，这位新成员处于好奇，提出想要看一看这颗巨恒星，观测组的组长同意了。当他们将天文望远镜对准巨恒星的方向，却看到令所有人震惊的一幕：巨恒星的体积变大了，测量发现，它距 Z 星球的距离在 13 年中迅速地缩短到 10 光年。

几乎是在同时，Z 星球的不同区域均出现异常的火山爆发、地震、通道撕裂等现象。合理的解释是：虫洞通道建造过程出现了问题，把

巨恒星拉近了！打个比方：本来要修一条从家里到学校的路，没想到把学校搬到家门口了。

随着巨恒星和 Z 星之间距离的缩短，巨恒星对 Z 星系统的影响变大了，Z 星的各个星球因为这种巨大引力的出现已经偏离了正常的运转轨道，星球位置的移动必然造成通道的撕裂和破碎。如果不阻止巨恒星对 Z 星的步步逼近，Z 星一定会被这个庞然大物撕得粉碎。

"天呀，这真是太可怕了！发现巨恒星临近，Z 星人就没有办法了吗？Z 星人不是外星人吗，总该拥有什么超能力或者最先进的科技来避免灾难吧？"思宇抢着说，在他眼里，外星人应该具有比地球人发达得多的科技水平，他们应该是更高等的生命存在。

"其实，对我们来说，你们地球人才是外星人。一位修补联盟的候补研究员提出，向全宇宙发出求救，寻找能够帮助 Z 星球解决危机的外星人，尽管这么做也可能带来危险，但总好过坐以待毙。没想到，首领很快就采纳了这个建议，并决定立即执行。其实，对于这个建议，当时我们还是心存疑虑的，毕竟我们谁都不确定谁会收到我们的信号，不确定来到 Z 星的会是朋友还是敌人。"

"所以地球上收到的神秘来信就是你们发来的？是为了拯救 Z 星才请我们来的？"思宇好像一下子解开了自己遨游太空的"身世

之谜"。

"是的，就是这样。现在看来，可以说是 Z 星的幸运，我们迎来的是朋友，而不是敌人。但为了安全，我们还是让你们在防护罩外吃了些苦头。"主席答道。

"通过这次外星求助计划，我们还发现了内部的敌人。首领通过这次计划，收到了地球人的回应，进而开始打地球的主意。"首席执行官看着主席说。

"'打地球的主意'是什么意思？"思宇提高了嗓门，艾米听到"地球"两个字，也瞪大了双眼。

"在 Z 星上还有这样一批人，以首领为代表，他们认为巨恒星对 Z 星的威胁已经无法消除，Z 星人唯一的出路就是放弃现在的星球，在宇宙中寻找另一个适宜生存的星球，将 Z 星中听从首领指挥的 Z 星人全部转移过去，而地球就是这样的星球。但我们基地的执行者一致认为这并不是拯救 Z 星的好方法，如果在此时强行降落地球，肯定会和地球人发生星际战争，这很可能给 Z 星造成更大的麻烦和混乱。就算真的可以进入地球，仅'到底哪些 Z 星人才有资格进入新世界'这个命题就会将 Z 星搞得四分五裂。"主席解释道。

"所以首领抢走了我们的宇宙飞船，他想要占领地球？"思宇有点不敢相信，浩茫宇宙的另一端，地球的安全可能已经受到了威胁。

"是的，只是我们没有想到，他会这么快就采取行动。"主席说。

"不过，你们不用怕，由于巨恒星还在靠近Z星，Z星周围的星际环境都出现了异常，根据我们的计算，就算首领已经坐上你们的宇宙飞船，他也不可能正常航行，它恐怕连地球的方位都确定不了。"首席执行官补充道，他就像能读懂思宇的心思，给思宇吃了颗定心丸。

"你们还收到过来自其他星球的回应吗？"鲁班班对这个问题一直很好奇。

"暂时还没有，但是不代表以后也没有。"首席执行官回答他。

"我觉得我们应该尽快和小希他们汇合，告诉他们Z星首脑的阴谋。"思宇低声说道。

彩蛋多多

 1. 洋盆

洋盆是大海底的盆地。在海洋底部有很多低平的地带，这些地方周围是一些相对比较高的海底山脉，我们称这块低平的地带为洋盆，它们是大洋底部的主要组成部分，因为它们大部分都特别平缓，因此又称为"海底平原"。

 2. 藻类植物

藻类植物是水中一种常见的植物，它们可以给海底的一些动物提供食物，维持海底的生物链。对于人类来说，藻类植物可以食用，比如说：紫菜、海带、发菜等。可以药用，比如说红藻可提取琼胶等等。目前有超过30万种的藻类植物。当然，陆地上也有藻类生长的痕迹，比如所潮湿的地面或者墙壁上会有青苔的存在，这也是藻类植物。

 3. 潜水服

海水的水温变化很大，有些地方甚至到了零下。潜水员如果穿普通的泳衣的话，身体的热量会流失，从而无法继续潜水。潜水服是专门为了潜水设计的衣服，这个衣服经过特殊的设计可以隔绝热量，使人体的热量不散发出去，保持人体温度，而且还能保护潜水员免受礁石或有害动物植物的伤害。

 4. 富养化

由于人类活动的介入，大量的营养物质（氮、磷）进入湖泊、河口、海湾，使得水底的藻类快速增多，水体中氧含量降低，水质恶化，水中的生物大量死亡的现象。这个过程自然条件下会发生得很缓慢，由于自然界自己的调整，不会发生水内生物大量死亡的现象。而由于人类的介入，水中由于藻类植物的大量增殖，水会呈现绿色、蓝色或者棕色的颜色。

5. 环境修复

环境修复是指对被污染的环境采取行动，利用科学手段（物理、化学和生物学知识）来降低环境中有毒或者有害的物质，直至使环境达到被污染之前的正常的生态过程。

6. 巨恒星

我们在前面讲过"恒星"的概念，巨恒星就是比正常恒星要大很多的恒星。2010 年，科学家发现了四颗超级大的恒星，它们的质量是地球的 300 倍，称它们为"巨型恒星"。在计算恒星质量的物理学理论中，有一个理论叫"爱丁顿极限"，它算出来最大的恒星质量不超过太阳的 150 倍，所以，现在这些巨恒星存在的奥秘对于科学家还是一个谜题呢！这个问题的解决等着小朋友们去探索。

第八章
Z 小星当上了新首领

　　现在，无论 Z 星还是地球，都面临着前所未有的危机：Z 星随时可能被巨恒星的引力撕得粉碎。地球可能面临第一批踏入其中的外星生物，而且是企图占领地球的不怀好意者，如果不马上和同伴会合，共同谋划解决办法，两个星球都可能遭遇毁灭性的打击。

　　主席和首席执行官像看透了他们的想法，两人对视之后，主席点点头，首席执行官对大家说："你们不要急，我们还有办法。其实，基地的执行者早就预测有一天这五颗小星球的位置会发生改变，现有的星球之间的联系通道并不牢固。所以，我们秘密建造了从深海星出发，联通其他四个星球的隐形通道，以备不时之需。因为这条通道可以通到首领所在的中枢星球，这是不被首领所允许的，所以关于这条秘密通道，我们对外是严格保密的，除了基地中参与通道设计和建造的执行者，再没有其他人知道。"

"建造这么大的工程，其他人怎么会不知道呢？"思宇想不明白。

"我们利用发现的四个动态虫洞，也就是宇宙中存在的连接两个不同时空的动态狭窄隧道，实现不同星球之间的联系。执行者通过严密的计算，发现了这四个动态虫洞，它们是无处不在又转瞬即逝的，如果不是最顶尖的执行者，根本就无法感知到它们的存在。但是一旦进入动态虫洞，就可以实现瞬间的时空转移，按意愿到任意一个 Z 星星球。"

"太好了！"思宇和艾米欢呼起来，只要进入动态虫洞，他们马上就能和鲁班班汇合。

"不过，在这之前，我还想请您帮一个忙。"思宇说。

"你说吧。"执行官大方地说道。

"能否帮我们把信号联络器修好呢？"思宇挠挠头说道，一直没有接收到小希的消息，他心总是慌慌的，感觉落不到实处。

"哈哈，你们有了艾米怎么还需要联络器呢？"

"艾米？"

　　"对呀，要知道，Z星人只要想连接，就可以在Z星连接到所有不带有阻碍装置的设备和很多的生物。"

　　"真的吗！"思宇望着艾米，怎么也不敢相信原来联系小希的方式他一直拥有。

　　艾米按着首席执行官的指点，闭上了双眼："他们在异兽星！"

　　"异兽星，那岂不是和鲁班班在一个星球？能不能取得联系，让他们集合在一起？"思宇激动地说道。

　　艾米咬了咬牙，再次闭上双眼，头顶的信号灯闪了又闪。最后还是熄灭了。"不行，我只能定位，对不起，思宇。"艾米的小翅膀耷拉下来，看起来内疚极了。

　　"也许是因为引力变化，带动磁场变化引起的，你已经很棒了！"思宇抱着艾米鼓励了起来。

　　"咱们赶快进入秘密通道吧。"思宇对首席执行官说，"鲁班班和小希就在异兽星。人多力量大，等我们汇合，我们一定会想出帮助Z星球的方法的。"思宇的态度异常真诚。

　　主席点头表示同意。"好的，你们跟我来。"首席执行官起身，带领思宇和艾米走出实验室，穿过长长的走廊，来到一个名为"动态虫洞入口"的开阔地带。

"就是这了。"首席执行官对思宇和艾米说。说完，他用手指敲击墙壁一下，墙面上出现了一个小型的圆形显示屏，首席执行官注视显示屏五秒钟，显示屏发出绿色的亮光，前方的开阔地带中央出现了一扇紧闭的大门。

"现在是 Z 星时间 2 点 23 分 23 秒，再过 9 秒钟，也就是 23 分 32 秒，虫洞就会自动打开，带我们进入异兽星。"首席执行官挥挥手，示意他们站在大门口，做好穿越时空的准备。

没想到这一刻来得这么快！思宇抱紧艾米跑到"虫洞入口"，倒数计时五、四、三、二、一。大门打开，眼前出现了一个如手掌般大小的金色圆环，这个圆环随着大门的缓缓打开而逐渐变大、变亮，有一人多高。

思宇一脚迈入圆环，却受到一股电击。

"啊！"随着两人的叫声，圆环像受到了惊吓，一边急速旋转一边缩小，直到变成了一颗金色的珍珠，然后消失在黑色的背景中。

"这是怎么回事？"两人很是惊讶。

"不好，Z 星球的位置移动破坏了虫洞的原有路线，一旦有部分受损，动态虫洞就会在很长一段时间内迅速坍缩。"

"那我们要等多久才能再次进入动态虫洞呢？"思宇问道。

"根据我们之前的经验，至少要等 90 个 Z 星时。"首席执行官有点无奈地说。

"那就是，150 个小时。"艾米迅速计算出来。

"这个时间太久了！无论对地球还是对 Z 星来说都是特大的坏消息！"思宇心急如焚。

首席执行官表示非常遗憾："对不起，我们也没想到会这样。或许我们还可以考虑别的办法……"

"现在这五颗小星球已经越来越远了，再这样下去它们会分崩离析，Z 星球就真的不复存在了呀！"眼看星球之间的距离慢慢拉大，思宇急得直跳脚，抱着艾米走来走去。

"思宇！我好像感知到办法了。"突然，艾米睁开眼睛说道。

"什么！"思宇和修复者联盟都聚了过来。

"既然鲁班班能通过那条垃圾实验通道到达异兽星，我们为什么不能试一试呢？"

"对对对，就是这个主意！"修复者联盟激动起来。

"那还等什么！出发！"

……

2

"思宇，你和艾米真是太厉害了！"听完思宇的讲述，鲁班班竖起了大拇指，对这个曾经看不起的小学生刮目相看。

"那当然。"思宇挺起胸脯。

"艾米，你回家了！"小希晃着艾米的身体，惊喜地看着它："这里是你的家，他们都是你的家人。"

"是哦，我回家了。"艾米躺在小希怀抱里，后知后觉地反应过来。在茫茫宇宙中，能够有幸生活在同一星球上的生物都能称得上是家人吧。难怪自从降落在Z星之时，就有一种似曾相识的感觉。

尽管对于艾米来说，"家"到底意味着什么，它似乎并不能完全明白，但一想到自己回到了出生的星球，曾经因未知而产生的恐惧和无助消失了大半。

"不过这些异兽是怎么回事呢？"可可走出来，好奇地问道。

"他们只是想要你们帮助他们缓解痛苦。"修复者联盟执行官走了出来，低声说道："这只是一批看着可怕，但实际上又可爱又可怜的动物罢了。由于Z星人曾经对这些可爱的动物们做了残忍的基因

200

实验，他们对外界环境的感知变得特别敏感，现在Z星由于引力位置不断发生变动，这些变异动物也就不时头昏脑涨，似癫似狂。看见你们，只是想让你们帮帮他们而已。"

"所以说，只要Z星能重新连接在一起，生态平衡，变异动物们就不会再暴动了？"老先生拄着拐杖走了过来，眼里闪烁着泪光。

"理论上是这样的。"

"它们只是想让我们帮忙吗？"可可呆呆地望着自己的双手，不敢想象自己做了什么。

"我……"善良的小希张了张嘴，一时不知道该说什么，她居然完全不知动物们的痛苦，还以为这是一群凶兽。

"小希，你不要愧疚，它们很喜欢你。"艾米摸了摸小希的脸，轻声说道。

"真的吗！"小希惊喜地说。

"你怎么知道异兽们喜欢小希。"思宇好奇地问道。

"我感觉得到呀！"艾米嘬了嘬嘴，好像对思宇小看它能力这件事很不满意。

"艾米，你在异兽星不会觉得不舒服吗？"Z小星凑近艾米，小心地问道。

"没有不舒服呀，不过我觉得Z星本来不应该这样的，如果不是这样应该会更好……"

Z小星没有打断艾米喋喋不休的评论，她和修复者联盟首领对望着。"感知他人情绪，不惧怕Z星辐射！"这都可是最优秀的Z星人才有的能力。这么多年Z星不断在寻求突破和发展，到底获得了什么？他们眼中满满都是悔恨。

"哇啊！"思宇一声怪叫，吓得所有人都一惊。

"你又在瞎叫什么！"鲁班班生气地抱怨，"我的思路都被你打乱了。"

"不是，你看艾米又发光了！好像是地球传来的讯号……"

同样，M机器人在此刻也受到了同样的信号传输。发送信号的人正是九维博士。

"孩子们，你们能勇敢地克服困难，坚持到现在实属不易。"九维博士说。

"博士，您快告诉我，我们现在该怎么办？不然我们马上要化为宇宙中的一粒尘埃了。"思宇说。

"不要小瞧宇宙中的任何一粒尘埃，正是每一颗小小的质量粒子相互吸引，才能维持着宇宙间的平衡。虫洞也需要平衡。"九维博士胸有成竹地说。

"相互作用的粒子保持平衡……"鲁班班若有所思。

"博士，我们想要拯救 Z 星球，我们不能看着它走向灭亡。"小希语气坚定，眼中闪着泪光。

"有什么办法能够再次将这些星球连接起来呢？"鲁班班自言自语。

鲁班班看向天空，突然问首席执行官："在 Z 星球周围是否有可以移动的暗物质？"

执行官看着鲁班班，伸出触手："当然有，建造通向巨恒星的虫洞时，移动了这些暗物质！"

"这就是问题出现的原因。"鲁班班自信地点点头，其他人也纷纷凑过来。

"哈哈哈……九维博士的声音从 M 机器人里传来。我相信你们的实力。"

随后信号终止了，但大家却没有丝毫慌乱。因为，他们找到了可靠的解决办法——将在 Z 星球周围的暗物质恢复原状。

3

"暗物质应是高度稳定的，如果移动了暗物质，那么时间和空间就会被移动。因为时空平衡被打破了！"鲁班班推了推自己的圆眼镜，镜片折射出智慧的光芒。

"但是暗物质参与引力相互作用，稍不留意就会导致Z星的变化，所以，移动暗黑物质需要通过严谨的计算。"修复者联盟首领认真分析道。

"没关系，我们大家齐心协力，一定能拯救Z星球！"小希给大家加油鼓劲儿。

时间变得越来越紧迫，所有人都努力的提出自己的想法，希望可以找到一个可行的方案。

"Z小星，你们那边想到办法了吗？"思宇问道。

Z小星说道："我可以帮助你们将Z星球周边的暗物质投放到正确的轨道位置中，但需要你们来指挥。"

"没问题，包在他身上。"思宇满口答应，一拍鲁班班的肩膀，"他可以的。"

"是的，我可以！"鲁班班振作精神，向 Z 小星点点头。

"我们开始吧！"

鲁班班的大脑飞速运转，他紧张地盯着 Z 小星，告诉她如何正确分布暗物质在星球周围。对面的两颗小星球在以缓慢的速度逐渐靠拢。这是暗物质引力变化的结果。

"哇，它不会直接撞过来吧！"

"不会的，只要我们做出精确的计算，它就能在恰当的位置停止。"

两个星球随着鲁班班的指挥一点点拉近距离。艾米此时也突然跳了出来，它头顶上的触角发出强大的光亮。

鲁班班和思宇看呆了，而 Z 小星却通过投影屏回头看看艾米，相视一笑。

眼看两个星球越靠越近，但却在回归轨道那一刻停了下来。

小希和思宇正通过 M 机器人观看鲁班班的营救行动，看到星球运转停止，连忙问道。"怎么了？"

"暗物质归原位了，但引力和原来不同，正处在不断变化之中。"鲁班班看着分析的数据，皱起眉头。

"那是什么原因？"

鲁班班陷入沉思之中。

"暗物质的变化导致虫洞瓦解，需要有飞船去测试证明。如果无法证明，Z 星的危险就没有消除。"

"我去试一试！"

众人回头一看，正是思宇，只见他跳到飞船上。"那么多 Z 星的朋友，可爱的异兽们，地球的朋友们都在等着我，我有什么理由不去试一试呢！"

"好。这将是我们最有意义的一次合作，我的朋友！"鲁班班深吸一口气，对思宇露出大拇指。

思宇则扬起帽子，摆出最帅的姿势。

"3、2、1 预备，起飞！"

随着鲁班班的一声令下，思宇的飞船像一道闪电般瞬间没了踪影。

小希有些焦急地四周查看，只见思宇的飞船像是会瞬间移动一般，正反反复复出现在小星球的四周。用他超强的力量和速度测试着周边的暗物质移动。

"好像虫洞正在瓦解，思宇你加油啊！"小希激动地说。M 机器人此刻也切断了其他所有功能，一心帮助思宇检测 Z 星球周围的情况。

"通向巨恒星的虫洞瓦解，Z星球的时间和空间恢复正常，与巨恒星的距离恢复到原来的30光年，对Z星球的引力影响消除。Z星球的通道正在恢复之中！"鲁班班兴奋地说。

大家一阵欢呼！

星球微微的颤动，两个小星球慢慢贴近。一条银色的道路徐徐升起，像是银河一般光彩夺目。仔细看这条路却不是一个完整的平面，而类似于一颗颗小星星组成的颗粒群。

"回到主星的通道可以通行了！"小希高兴地大叫起来。

暗物质的复原使Z星球的五个小星球逐渐靠近，而星球之间的通道都被更小的星群相连接，像是波光粼粼的湖面一般。那些其他小星球上幸存的Z星人们都出了惊喜的神色，他们眼中带着希望，也纷纷跟随向着通道跑去。

4

银色的光芒洒过一片土地，Z星球就像是重新焕发出了新的生命活力，那些枯枝败叶不复存在，新的萌芽一棵棵冒出了头。那些能够发电的小花，此刻都破土而出，朝着天空绽放，为Z星球传输着能量。

"看，新星冉冉升起。"终于回到主星的地面，小希高兴地说道。

"什么新星？不还是Z星球吗？"思宇奇怪地挠挠头。

"笨蛋，小希说的是她！"鲁班班用下巴指指走在前面的Z小星，"Z星球新的首领就要诞生了。"

Z小星八只触手无措地挥舞了一下，最后咧开嘴笑了起来。

那些幸存下来的Z星人此时也聚拢过来，对他们投来感激的目光。

"谢谢你们，多亏了你们，我们才保住了自己的家园。"

"不用客气，小事一桩。"思宇对Z星人们说道，"不过，我们也有个小忙需要你们的帮助。"

"对，我们的飞船被你们Z星人的首领开走了，不知道现在他有没有到达地球。"

"我们可否借用一下你们的星球眼，定位一下我们的飞船目前的位置呢？"

"没问题，请随我来。"Z小星向大家挥挥手，众人一起赶往星球眼，却看到思宇和小希他们的飞船始终没有走远，一直在围绕着Z星球盘旋。

"这是为什么？他怎么没有逃走呢？"

"恐怕飞船也受到了暗物质恢复原样的影响吧，它起飞时暗物质是一个特殊的状态，现在恢复了，飞船难以到达距 Z 星球太远的地方，只得在这个区域内反复兜兜转转。"Z 小星解释道。

"那我们有什么办法让他掉头回来，把飞船还给我们？"小希问。

"我想一想……"Z 小星陷入了思考，余光瞟到了艾米一晃一晃的触角。

"对了，艾米的触角也可以和我们 Z 星人之间传递信号。只要告诉首领 Z 星恢复了，那个贪婪无厌的家伙就一定会回来的！"Z 小星看着艾米，惊喜地说道。

"可那个坏家伙不会怀疑吗？"小希至今还没有忘记首领的狡诈。

"不用担心，只要他无法判断信号的来源，又是我的声音，他一定会回来的。毕竟……这是个贪婪无厌又胆小的 Z 星首领呀！"Z 小星说着说着，声音又低落了。

"不要再叫那个坏家伙首领了，从此以后，首领是你了，我相信，在你的带领下，Z 星一定会截然不同的！"感受到 Z 小星低落的心情，小希笑嘻嘻地跑过去说道："你以后可得好好招待我们呀！"

"当然，我永远的朋友！"

"太好了！"思宇兴奋地说道，"艾米、Z 小星，你现在快发送信号，把这个坏家伙引到这里来吧！"

艾米一下子跳到了星球眼的操作台，它看看屏幕上毫无头绪，四处乱飞的宇宙飞船，用触角指向上空，发出了阵阵信号，黄色的光芒一闪一闪。艾米看起来在努力地寻找他们的样子，两个小眼睛都挤在了一起。

"看，他们开始调转方向了！"

只见屏幕上的飞船终于不再原地打转，而是朝着Z星球的方向驶来。

"好样的艾米！我们快去抓住他！"思宇带着大家冲了出去。

Z小星也指挥着士兵们："首领在Z星球毁灭之际私自逃脱，我们不能放过他！"

"好的，我们抓他回来。"士兵们和Z星人大吼道。

当飞船笔直的降落在Z星球的大地之时，小希好像经历了时光的穿越，仿佛是自己和思宇刚刚来到Z星球的时候。然而，当舱门打开，出来的却不再是自己，而是这个自私而可恶的Z星人首领。

"抓住他！"Z小星一声令下，曾经的Z星人首领一下子就被控制住。

"你们放开我，我是这个星球的首领，你们好大的胆子！"

"你还好意思说自己是Z星球的首领？当这个星球面临危机的时

候，你在哪里？你选择了私自逃亡，留下你的子民们和Z星球一同灭亡，真是太冷血了。"

Z星人首领眼珠子一转，连忙又换上可怜兮兮的语气："我这还不是为了去其他星球寻找更多的资源，来拯救我们的星球？现在Z星球重获新生，不如让我们一起重新开始，建立新的Z星球。"

见大家都不为所动，Z星球首领又对Z小星说道："你与我共事这么久，我最信任的副手就是你了。如果我重新担任Z星球的首领，我就让你统领整个星球的军队。到那时候，你就拥有了Z星球最多的资源，那可是无穷无尽的……"

"你闭嘴！你这个叛徒！"Z小星咬牙切齿，"Z星球之所以会面临如此重大的危机，就是因为你滥用资源，挥霍无度。如今我们想尽办法，终于挽回了这一局面，你非但不知悔改，还要继续这样下去吗？"

大家纷纷赞同，小希说道："保持宇宙间的平衡才是维护一个星球长期稳定发展的前提。作为首领，你更应该懂得这样的道理，世上绝不存在无穷无尽的资源。"

"说的没错，资源宝贵，因此我们更要合理地使用资源，维护整个环境的平衡，这样才能让星球更加繁荣发展。"

Z 星人首领瞪着眼睛，张了张嘴，却一句话也说不出来。等待他的将是 Z 星法庭的审判……

宇宙是无尽的生命，丰富的动力，但它同时也是严整的秩序，圆满的和谐。经此一役，Z 星球不仅恢复原有的生机，更重新规划了星球的发展策略。

"这一切多亏了你们，谢谢你们，思宇、小希。"

"不用谢，作为 Z 星球新的首领，你可要好好带领大家经营好 Z 星球。"

"那是当然的，到时候我随时欢迎你们再来玩。"Z 小星，或者说是 Z 星球新的首领向大家颔首一笑，"地球人将永远是我们 Z 星人的朋友！"

两人告别了 Z 星球的主城，返回到飞船上。艾米作为与 Z 星球颇有渊源的生物，决定继续留在 Z 星球继续生活。况且，它和 Z 星球的新首领长得还有些像呢。

"想不到我们的旅程就要结束了！"

"是啊，回想起来还有一些小小的不舍呢，可惜就是原始土壤……"

"滴！检测到地球植物生命状态！"

什么？M机器人的一声播报无异于平地一声雷，将小希和思宇炸得晕晕乎乎。

二人翻箱倒柜，却怎么也没找到绿色植物。

在哪呢？

小希打开腰包，发现自己曾经为了做纪念塞进的一把Z星土，在经历过各个星球后，已变成一捧黝黑的泥土，而泥土中央，一棵翠绿的嫩芽正茁壮成长。虽然环境狭窄，气候多变，但只要遇到原始土壤，这颗属于地球的种子就会散发出无限的生机活力。

什么？你在担心这些泥土太少了？不要忘了！Z星可是地球的好伙伴，两个星球的和平建交早已提上日程。

思宇、小希、鲁班班和Z星人依依告别，他们要返航了。Z小星和艾米都很不舍。

……

当飞船降落在地球的时候，思宇和小希紧绷着的神经终于放松下来。

"我们到家啦！"两个孩子高兴地跳出舱门，眼前是熟悉的大家。

爸爸妈妈、企鹅老师、九维博士，还有他们的好朋友们。

"思宇，小希，你们真是太棒了！"大家纷纷围过来称赞着两人。思宇滔滔不绝地讲述着自己和小希在太空中的经历，以及Z星球上那些有意思的趣闻。小希看见熟悉的家人朋友，一时间竟激动得哭起来。

所有人欢聚在一起，笑声与感动汇集在一起。神奇的外星来信，终于

落下帷幕。但地球与 Z 星的再度崛起之路，却还只是缓缓拉开帷幕。

彩蛋多多

1. 动态虫洞

指的是不断运动变化的虫洞。虫洞的出现时间和地点都在不断变化，只要找到正确的虫洞出现时机，就可以到达自己想去的任意地方了。

2. 时空转移

指的是思宇和艾米可以利用虫洞在 Z 星星球之间自由往来。这个时空转移是瞬时的，相当于在不同的 Z 星星球之间挖了一个特快通道，一眨眼就能在各个星球自由移动。